国家电网有限公司
消防安全性评价
工作手册

国家电网有限公司安全监察部　编

中国电力出版社
CHINA ELECTRIC POWER PRESS

图书在版编目（CIP）数据

国家电网有限公司消防安全性评价工作手册 / 国家电网有限公司安全监察部编. —北京：中国电力出版社，2023.6（2023.10 重印）

ISBN 978-7-5198-7619-7

Ⅰ . ①国… Ⅱ . ①国… Ⅲ . ①消防–安全评价–手册 Ⅳ . ①TU998.1-62

中国国家版本馆 CIP 数据核字（2023）第 044558 号

出版发行：中国电力出版社

地　　　址：北京市东城区北京站西街 19 号（邮政编码 100005）

网　　　址：http://www.cepp.sgcc.com.cn

责任编辑：周秋慧（010-63412627）

责任校对：黄　蓓　于　维

装帧设计：赵丽媛

责任印制：石　雷

印　　刷：三河市百盛印装有限公司

版　　次：2023 年 6 月第一版

印　　次：2023 年 10 月北京第二次印刷

开　　本：710 毫米×1000 毫米　16 开本

印　　张：11.25

字　　数：191 千字

印　　数：3001—4000 册

定　　价：40.00 元

　　2021 年底，国家电网有限公司印发消防安全性评价规范，部署开展第一轮消防安全性评价工作，这是公司首次将安全评价的理念、方法应用到消防安全管理中。为了强化各单位对消防安全性评价工作的理解，指导和帮助各级单位有效组织开展查评工作，国网安监部组织国网河北、天津、上海、甘肃电力等单位编制了本手册。本手册系统详细地对《国家电网有限公司消防安全性评价规范》（Q/GDW 12243—2022）进行阐释说明，围绕查评工作开展的全过程，对查评标准和重点内容进行逐条解读，重点说明"查什么、如何查、怎样查"，同时结合前期试点查评阶段工作情况，梳理给出了部分查评过程中发现的典型问题，并附相关查评报告供各单位参考。

　　本书对深入理解消防安全性评价工作理念，帮助各级管理人员有效开展查评工作具有积极指导作用，并可作为其他行业消防安全性评价工作的参考和借鉴。本书还梳理并收录了部分国家和电力行业现行有效的有关消防安全法规制度和技术标准条款内容，以便于读者扩展了解。

　　希望本书对各位读者有所帮助和启发，同时限于编制水平，书中难免有不妥之处，望大家批评指正，并提出宝贵意见。

编　者

2023 年 2 月

第一部分　消防安全性评价工作要求

一、总体要求

1　消防安全性评价目的

遵循"合法合规、全面准确、高效经济"的原则，按照法律、法规、规章和有关规定，全面、系统、规范地查找本单位消防安全管理方面存在的隐患问题，提出合理性、可行性安全防控措施，指导各级单位进一步落实消防安全主体责任，夯实消防安全管理基础，整改火灾隐患问题，提高消防安全管控水平。

2　评价周期及范围

2.1　消防安全性评价应结合安全生产实际在评价周期内实行闭环动态管理，以 3 年为一个周期。

2.2　评价范围应覆盖所有专业和场所（重点部位），专业场所分类见表1。

表 1　　　　　　　　　　专 业 场 所 分 类

序号	主要专业	主要涉及场所范围（重点部位）
1	设备	变电站、换流站、开关站、发电厂、储能电站、配电站、电缆（沟）隧道等
2	营销	供电所、营业厅等
3	建设	各类建设项目施工项目部、作业现场等
4	信息	信息机房、数据中心等
5	物资	物资仓库、储运场所等
6	产业	各类工厂车间、宾馆酒店、小型发电站（厂）等

序号	主要专业	主要涉及场所范围（重点部位）
7	后勤	办公园区、办公楼、调度楼、教学楼、公寓（学员）楼及附属设施设备等
8	水新	抽水蓄能、水电、新能源（风、光）发电等
9	调度（通信）	电力调度大厅、自动化机房、通信机房、通信站等
10	其他	——

3 评价方式

消防安全性评价一般采用单位自查评、专家查评、抽查性专家查评三种方式开展，各单位组织自查评，上级单位组织专家查评或抽查性专家查评。

3.1 自查评。地市公司级单位负责组织开展本单位自查评工作，范围应覆盖相关职能部门和所有场所，如各下属单位的设备、营销、后勤等专业各类场所，地市公司级单位可结合实际对下属县公司级单位开展专家查评。

3.2 专家查评。省公司级单位（分部）负责对下属地市公司级单位开展专家查评，单位覆盖率应达到100%；每次查评专家组成员不少于5人；对地市供电公司，有效查评时间不少于3天，查评范围应包括地市供电公司本部和至少2家县（区）供电公司；对直属、产业等其他单位，有效查评时间不少于2天，查评范围应包括单位本部和至少1家县公司级单位。

3.3 抽查性专家查评。公司总部负责或委托分部对省公司级单位开展抽查性专家查评，每年原则上比例不低于20%（每个分部区域不少于1家省公司级单位）；每次评价专家组成员不少于6人；对省（直辖市、自治区）公司，有效评价时间不少于5天，评价范围应包括省（直辖市、自治区）公司本部和至少2家地市供电公司级单位；对直属、产业等其他单位，有效评价时间不宜少于3天，评价时间根据被评价单位实际可适当调整，评价范围应包括单位本部和至少2家地市公司级单位。

3.4 开展专家查评（含抽查性专家查评）时，现场检查应覆盖被评价单位设备、营销、后勤等各专业相关场所，现场检查的场所确定方式为随机选取的方式，相关专业每类场所抽查数量原则上不得少于1处，在评价过程中应对所选取场所内的消防安全重点部位全面覆盖。

二、消防安全性评价工作流程

消防安全性评价工作应根据法律、法规、规章和有关规定组织开展，遵循"合法合规、全面准确、高效经济"的原则，采用单位自查评和专家查评相结合的方式进行，各单位组织自查评，上级单位组织专家查评。一般分为自查评、专家查评、整改提高、复查评四个阶段（见附录 A），各查评阶段按照"评价、分析、评估、整改"的过程循环推进。

1 自查评流程

1.1 成立自查评小组。根据《国家电网有限公司消防安全性评价规范》（Q/GDW 12243—2022）（简称《评价规范》）要求，由各级单位主要负责人或单位消防安全管理人任组长，分管领导、相关部门负责人及有关专业管理人员参加，按管理职能分为若干小组，负责具体查评工作。自查评工作一般应由本单位安委会（消委会）统一部署，安委办（安监部门）统筹协调，各专业部门负责具体实施。

1.2 制定自查评计划。各级单位安委会（消委会）或安委办要负责制定本单位消防安全性评价工作实施方案，明确查评工作内容、方法及标准等。

1.3 宣贯培训。在实施每轮评价前，各级单位应充分做好宣传员工作，可采取由各级单位安监部门或相关专业部门组织的方式，逐级开展安全性评价工作培训，可邀请专家对自查评工作进行指导，使查评人员系统掌握消防安全性评价标准和查评方法，让本单位员工准确理解消防安全性评价的项目及主要内容。

1.4 自查自改。各部门、班组依据《评价规范》开展自查，汇总分析问题、提出整改措施，对能立查立改的问题应及时组织整改，自查自改阶段一般不评分，重在发现并整改问题。

1.5 单位评价。各级单位自查评组在部门、班组自查评基础上，组织对本单位消防安全管理工作进行全面查评，提出主要问题、整改建议，并依据《评价规范》中消防安全性评价检查要点进行评价打分。

1.6 自查报告。评价结束后，市县两级单位应编制消防安全性评价自查评报告（见附录 B），报告应包括自查总结、自查评结果、主要问题及整改计划等方面内容，并以本单位正式行文的方式（例如：公司级行文、安委会行文、安委办行文等），报上级单位备案留存。

1.7 自查评整改。对自查评发现的隐患问题，应依据《重大火灾隐患判定方法》（GB 35181）、《国家电网有限公司安全隐患排查治理管理办法》（安监一〔2022〕5 号）等文件，逐一判定火灾隐患等级（重大、较大、一般），并制定整改计划，纳入本单位隐患库进行统一闭环管理，并落实责任、措施、资金、期限和预案，按计划整改。

2 专家查评流程

2.1 申请查评。县公司级单位完成自查评后，应向地市公司级单位申请进行专家查评；地市公司级单位完成自查评后，应向省公司级单位申请进行专家查评。

2.2 查评准备。专家查评前，组织单位要召开查评准备会，做好评价专家的培训工作，明确评价范围、比例等。评价专家要充分熟悉评价项目、内容和查评方法、评分标准等。被查评单位要做好准备和动员工作，向专家组提供自查评总结和问题整改情况。确定现场评定日期后，提前沟通被查评单位提供相关资料。

2.3 查评启动。上级查评专家组到达后，组织召开首次会议，被查评单位自查评组负责人和相关人员参加会议，单位向专家组汇报自查评工作开展情况。专家组组长介绍专家组成员和专业分工，以及专家查评方案等，专家组在查评工作开展前需制定查评工作计划，明确查评单位、场所等具体内容。

2.4 查评实施。专家组应以评价标准所列项目为查评依据，通过现场查看、座谈询问、实地测试、资料核查等方式，逐项开展查评工作，并逐项打分，指出存在问题，提出整改建议，明确重点问题，并与被查评单位有关领导和专业管理人员交换意见。

3 整改提高流程

3.1 制定计划。被查评单位应根据专家查评报告和本单位自查评的情况，组织有关部门制定整改计划，明确整改内容、整改措施、完成期限、整改负责人。整改计划应由各级单位主要负责人或消防安全管理人审查批准，并报专家查评的组织单位备案。

3.2 闭环整改。依据《国家电网有限公司安全隐患排查治理管理办法》（安监一〔2022〕5 号），各级单位应按计划严格开展整改，落实责任和措施。同时，定期检查督促下属各部门、各单位落实整改计划，对未按期完成整改工作的严格进行考核。

3.2.1　自查评、专家查评、复查评所发现的隐患问题，应由被查单位统一列入隐患问题台账；同时，隐患问题台账应明确隐患问题内容、发现时间、违反查评项目内容、整改措施、计划整改期限、实际完成时间等关键信息。

3.2.2　各级单位应建立隐患闭环整改机制，对所有隐患问题按照整改周期逐一闭环销号，并对已完成治理的进行验收；同时，上级单位需结合专家查评、复查评，并根据查评时间安排对隐患台账中问题进行现场抽查。

3.3　过程管控。各级单位应至少每季度对本单位消防安全性评价整改计划完成情况进行总结、通报；对未完成整改的项目进行风险评估，及时调整整改计划，并落实事故防范措施。对已完成整改的重点项目进行验收和评价，确保消防隐患被消除。

3.4　总结报告。各级单位应在上级评价单位规定的时间内，及时报送消防安全性评价整改报告。

4　复查评流程

4.1　复查评时间。复查评原则上应在专家查评后第二年进行，一般由原评价专家进行复查。

4.2　复查评内容。复查评时，被查评单位应提供整改报告，部分整改和未完成整改的项目应逐项说明原因。

4.3　复查评结论。复查评主要检查上次评价中发现的各类问题的整改情况，可通过查阅整改报告、现场照片等方式开展，结束后提交复查评书面报告。

三、消防安全性评价评分

1　查评方法

1.1　综合运用多种检查方法对评价项目做出全面、准确的评价，如查看文件、现场检查、座谈询问、实地测试、抽查实操等。

1.2　评价过程中应做到评价项目全覆盖。

2　分值设置

消防安全性评价分为消防安全管理评价、建筑消防安全评价和消防设施评价三部分，各评价项目的分值见表2。

表2 消防安全性评价得分表

序号	一级指标	标准分	序号	二级指标	标准分
第一部分：消防安全管理评价		500			
1	消防安全目标	20	1.1	安全目标制定与分级控制	10
			1.2	安全目标监督考核	10
2	消防工作组织机构、人员及其职责、履责	100	2.1	消防工作组织机构	10
			2.2	消防安全职责	10
			2.3	消防安全责任人、管理人履责	10
			2.4	消防工作专业归口管理部门履责	30
			2.5	消控值班人员、变电站（换流站）运维人员履责	30
			2.6	志愿消防员设置及履责	10
3	消防安全规章制度和规程	40	3.1	消防安全规章制度和规程制定	20
			3.2	消防安全规章制度和规程管理	20
4	防火巡查检查及隐患整改	60	4.1	防火巡查	20
			4.2	防火检查	10
			4.3	消防督查	10
			4.4	火灾隐患治理	20
5	消防安全重点部位管理	100	5.1	消防安全重点部位通用管理	60
			5.2	消防控制室/值班室	40
6	动火用电安全管理	60	6.1	动火区管理	10
			6.2	动火人员资格	20
			6.3	动火作业	20
			6.4	用电管理	10
7	消防安全宣传教育和培训	60	7.1	单位日常教育培训	40
			7.2	建设工程消防安全教育培训	20
8	安全疏散设施管理	20	8	安全疏散设施管理	20
9	消防安全应急和档案管理	40	9.1	灭火和应急疏散预案演练	20
			9.2	志愿（专职）消防队和微型消防站建设	10
			9.3	消防档案	10

续表

序号	一级指标	标准分	序号	二级指标	标准分
第二部分：建筑消防安全性评价		200			
10	建筑消防合法性	80	10.1	建筑消防验收、备案	30
			10.2	消防产品选型	30
			10.3	建筑消防工程"三同时"	20
11	建筑使用情况	60	11	建筑使用情况	60
12	建筑防火	60	12.1	总平面布局	20
			12.2	平面布置	20
			12.3	配电线路	20
第三部分：消防设施评价		300			
13	消防器材配置	40	13.1	灭火器	20
			13.2	正压式空气呼吸器	10
			13.3	过滤式自救呼吸器	10
14	消防设施配置	60	14.1	火灾自动报警系统	25
			14.2	室内外消火栓系统	10
			14.3	固定灭火系统	25
15	消防器材及设施管理	100	15.1	消防器材	40
			15.2	消防设施	60
16	消防器材功能	20	16.1	灭火器	5
			16.2	正压式空气呼吸器	10
			16.3	过滤式自救呼吸器	5
17	消防设施功能	80	17.1	火灾自动报警系统	30
			17.2	室内外消火栓系统	10
			17.3	固定灭火系统	30
			17.4	其他固定消防设施	10
合计		1000			

3 评分原则

3.1 消防安全性评价采用扣分式评分方法,对不合格项扣分,合格项和不涉及项不扣分。建筑防火和消防设施设备应按照其是否存在消防安全隐患或火灾风险进行评价,因消防法规和消防技术标准修订导致不符合现行消防法规和技术标准的,需在评价报告中予以说明。

3.2 被查评单位消防安全性评价标准分总分为 1000 分。每项检查内容按评分标准进行评分,扣分不超过该项标准分。各项逐级汇总,形成实得分。

3.3 省公司级单位的专家查评得分,为其本部(含自辖场所)场所和所抽查的下属单位查评得分的平均分。

3.4 地市公司级单位的专家查评得分,按照不合格项扣分、合格项和不涉及项不扣分的原则;对同一单位相关场所发现的同一指标项内问题实行累计扣分,扣完为止。

第二部分　消防安全性评价查评内容

一、消防安全目标

1　安全目标制定与分级控制

1.1　评价内容及分值（见表3）

表3　　　　　　　　　　　　评 价 内 容 及 分 值

评分内容	标准分	评价方法	评分标准
（1）各单位应逐级制定符合实际的年度消防安全目标，并纳入本级单位安全生产目标体系进行管控；单位消防安全目标（年度安全生产意见）及相关措施应经单位主要负责人审批，以文件形式下达。 （2）按消防安全目标分级控制原则和消防安全职责与所属部门、班组、岗位签订安全（消防）目标责任书，逐级细化消防安全工作要求	10	查阅安全生产工作意见；部门（工区）、班组、个人安全责任书或承诺书；单位消防年度重点工作计划等	（1）单位未制定年度安全目标、安全目标未经主要负责人审批或未以正式文件下发，不得分。 （2）目标内容未逐级分解的，每处扣3～5分；部门、工区、班组、岗位安全目标责任书（承诺书）无消防相关内容的，每处扣5分

1.2　条文内容解读

（1）公司总部（分部）、省公司级单位、地市公司级单位、县公司级单位应分别制定消防安全目标及相关措施，并纳入本单位年度安全生产工作意见、安全生产工作重点任务（要点）等文件中，经本单位主要负责人审批后，以正式文件方式下发执行。所确定的目标原则上不得低于《国家电网公司安全工作规定》[国网（安监/2）406]相关条款及要求。

（2）各级单位应按照消防安全目标分级控制原则，通过签订消防安全目标责任书、承诺书、安全责任状等方式，明确所属各部门、各班组、各岗位消防安全目标及工作要求。

1.3 评价方法及评价重点

资料核查：

（1）查阅各级单位相关安全生产文件，是否制定本单位年度消防安全目标及相关措施，并符合《国家电网公司安全工作规定》[国网（安监/2）406]中对本层级安全目标的要求。

（2）查阅各级单位所属部门（工区）、班组、个人签订的安全责任状、承诺书等文件，是否明确本部门（工区）、班组、个人消防安全目标，并符合工作实际。

（3）一般每个层级应至少抽查 1 个部门（工区）、2 个班组、2 个岗位。

1.4 具体评价依据（见表 4）

表 4　　　　　　　　　具 体 评 价 依 据

序号	依据文件	依据重点内容
1	《电网企业安全生产标准化规范及达标评级标准》（国能安全〔2014〕254 号）5.1.1	制定规划期内和年度安全生产目标；目标应科学、合理，体现分级控制的原则；安全生产目标应经企业主要负责人审批，以文件形式下达
2	《电网企业安全生产标准化规范及达标评级标准》（国能安全〔2014〕254 号）5.1.2	根据确定的安全生产目标，基层管理部门按照在生产经营中的职能，制定相应的安全指标、实施计划。 企业应按照基层单位或部门安全生产职责，将安全生产目标自上而下逐级分解，层层落实目标责任、指标，并实施企业与员工双向承诺。 遵循分级控制的原则，制定保证安全生产目标实现的控制措施，措施应明确、具体，具有可操作性
3	《国家电网公司安全工作规定》[国网（安监/2）406]第二章	省公司级单位不发生重大火灾事故，地市公司级单位不发生一般及以上火灾事故，县公司级单位不发生一般及以上火灾事故

1.5 典型问题

- 某供电公司年度安全生产工作要点中仅制定了消防安全目标，缺少对应的消防安全工作措施、年度重点消防工作任务等内容。
- 某供电公司（地市公司级单位）制定的年度消防安全目标为"不发生重大火灾事故"，不符合《国家电网公司安全工作规定》[国网（安监/2）406]中"地市公司级单位不发生一般及以上火灾事故"要求。
- 某供电公司某班组成员签订的安全责任书未包括消防安全工作目标及相关工作要求。

2 安全目标监督考核

2.1 评价内容及分值（见表5）

表5   评 价 内 容 及 分 值

评分内容	标准分	评价方法	评分标准
（1）各单位应明确消防安全目标考核办法，并对目标完成情况进行考核。 （2）定期对本单位消防重点措施实施情况进行监督、检查与纠偏，落实消防安全工作考核奖惩	10	查阅安全考核办法、事故报告、安全检查记录、安全例会记录、绩效考核记录等	（1）未制定考核办法的不得分；评价期内发生火灾火情事故事件未按要求考核的，不得分。 （2）未定期对安全目标和措施实施完成情况进行监督、检查、考核的，扣2～5分；年度内单位相关安全生产奖励、考核未包含消防安全工作的，扣5～10分

2.2 条文内容解读

各级单位应依据《国家电网公司安全工作规定》[国网（安监/2）406]，制定本单位安全生产考核实施细则，将消防安全目标完成情况及重点工作措施落实情况等内容纳入考核事项中，并结合完成和落实情况，对所属单位、部门、班组进行考核或奖励。

2.3 评价方法及评价重点

资料核查：

（1）查阅各级单位实施细则，是否对消防安全目标完成情况及重点工作措施落实情况进行考核或奖励。

（2）查阅各级单位列入年度消防重点工作的督办过程性记录、资料是否齐备，各项工作是否按期推进。

（3）查阅各级单位考核文件，是否按照《国家电网有限公司安全工作奖惩规定》（国家电网企管〔2020〕40 号）要求，对消防安全目标未完成的单位进行考核，考核内容是否符合相应条款要求。

（4）查阅相关责任单位事故报告，是否对相关单位、人员进行考核。

（5）查阅各级单位是否定期组织开展消防安全监督检查，是否按要求编制督查报告，是否对发现的问题进行闭环管理，相关资料应符合《国家电网有限公司消防安全监督检查工作规范》（QGDW 11886）要求。

2.4 检查依据（见表 6）

表 6 检 查 依 据

序号	依据文件	依据重点内容
1	《国家电网有限公司安全工作奖惩规定》（国家电网企管〔2020〕40 号）第四章	公司所属各级单位应建立安全处罚机制，按照职责管理范围和安全责任，对安全工作情况进行考核，对发生事故的单位及责任人员进行处罚。发生《国家电网有限公司安全事故调查规程（2021 年版）》规定的中断安全记录事件的，应中断责任单位安全记录，并进行通报。事故处罚依据事故调查结论，对照安全责任，按照管理权限，对有关责任人员进行纪律处分、组织处理、经济处罚
2	《电网企业安全生产标准化规范及达标评级标准》（国能安全〔2014〕254 号）5.2	企业应结合季节性特点和事故规律，定期或不定期组织开展安全检查

2.5　典型问题

● 某供电公司 2021 年发生了一起一般火灾事故，火灾事故发生后，该单位没有对相关责任人员进行考核。

二、消防工作组织机构、人员及其职责、履责

1　消防工作组织机构

1.1　评价内容及分值（见表 7）

表7　　　　　　　　　　　　　评 价 内 容 及 分 值

评分内容	标准分	评价方法	评分标准
（1）成立本单位消防工作领导机构（安全生产委员会或防火安全委员会），履行本单位消防工作领导机构职责。 （2）县公司级以上单位（含县公司级单位）应以正式文件确定本单位消防安全责任人、消防安全管理人等。 （3）建立消防安全保证和监督体系，明确消防专业（归口）管理部门和消防安全监督部门	10	查阅相关文件、安全责任清单文件（印发）	（1）未成立相关领导机构的，或者相关职责不包含消防安全管理的不得分。 （2）县公司级以上单位（含县公司级单位）未以文件形式确定消防安全责任人、消防安全管理人；每处扣 3～5 分。 （3）消防安全保证和监督体系未建立，单位消防安全专业（归口）管理部门或消防安全监督部门不明确的，扣 3～5 分

1.2　条文内容解读

各级单位应建立健全消防安全工作组织机构，成立本单位消防安全工作领导机构（包括但不限于安全生产委员会或防火安全委员会等）；以正式文件（含消防相关规章制度、档案资料、文件通知等）方式，确定本单位消防安全责任人和管理人，建立消防安全保证和监督体系，明确各自职责。

1.3 评价方法及评价重点

资料核查：

（1）查阅各级单位是否发布本单位安全生产委员会或防火安全委员会等消防安全工作组织机构成立的正式文件，组织机构职责中是否明确相关消防安全职责。

（2）查阅各级单位消防相关规章制度、档案资料、文件通知等是否明确本单位消防安全责任人、消防安全管理人。

（3）查阅各级单位消防相关规章制度、档案资料、文件通知等是否明确本单位消防安全专业（归口）管理部门和消防安全监督部门。

1.4 检查依据（见表8）

表8 　　　　　　　　　　　　检 查 依 据

序号	依据文件	依据重点内容
1	《电力设备典型消防规程》（DL 5027）1.0.5	单位应成立安全生产委员会，履行消防安全职责
2	《机关、团体、企业、事业单位消防安全管理规定》（公安部令第61号）第四条	法人单位的法定代表人或者非法人单位的主要负责人是单位的消防安全责任人，对本单位的消防安全工作全面负责
3	《国家电网有限公司消防安全监督管理办法》[国网（安监/3）1018]第三条	各级单位安全生产委员会是本单位消防安全工作的领导机构；各单位主要负责人是本单位消防安全责任人，对单位消防安全工作全面负责；其他各分管负责人对分管工作范围内的消防安全负责
4	《电力设备典型消防规程》（DL 5027）3.1	建立消防安全保证和监督体系，督促两个体系各司其职。明确消防工作归口管理职能部门（简称消防管理部门）和消防安全监督部门（简称安监部门），确保消防管理和安监部门的人员配置与其承担的职责相适应

1.5 典型问题

● 某供电公司未以正式文件方式明确本单位消防安全责任人、消防安全管理人。

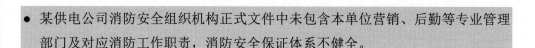

● 某供电公司消防安全组织机构正式文件中未包含本单位营销、后勤等专业管理部门及对应消防工作职责，消防安全保证体系不健全。

2　消防安全职责

2.1　评价内容及分值（见表9）

表9　　　　　　　　　　　　评 价 内 容 及 分 值

评分内容	标准分	评价方法	评分标准
（1）明确单位、安委会（消委会）、消防安全责任人和消防安全管理人、各部门和专（兼）职消防管理人员以及全员消防安全职责。 （2）共有（用）建筑的产权单位、使用单位或承包、租赁、委托经营管理相关方应书面明确各方的消防安全责任，确定责任人对共用的疏散通道、安全出口、建筑消防设施和消防车通道进行统一管理	10	查阅安全责任清单、相关合同或安全协议，现场提问等	（1）各级、各部门、各岗位消防安全职责缺失或不完善的，每处扣1～3分。 （2）共同管理或使用以及承包、租赁、委托经营管理的场所，未书面明确各方消防责任的，每处扣5分；责任不清或存在管理盲区的，每处扣3～5分

2.2　条文内容解读

（1）各级单位应依据本单位消防安全工作组织架构，通过安全责任清单明确本单位消防安全责任人、消防安全管理人、各部门和专（兼）职消防管理人员以及全员消防安全职责。

（2）各级单位应通过合同（承包、租赁、委托经营管理）、安全协议等方式明确共有（用）建筑的产权单位、使用单位或承包、租赁、委托经营管理单位的安全责任，对共用的疏散通道、安全出口、建筑消防设施和消防车通道应确定责任人，并统一管理。

2.3　评价方法及评价重点

资料核查：

（1）查阅各级单位安全责任清单，是否明确消防安全责任人、消防安全管理人、各部门和专（兼）职消防管理人员以及全员消防安全职责，并对应本部门、岗位工作实际。

（2）查阅各级单位共有（用）建筑的产权单位、使用单位或承包、租赁、委托经营管理单位是否签订合同（承包、租赁、委托经营管理）、安全协议等文件，并明确各自消防安全职责。

（3）查阅各级单位基建工程消防管理资料，（归口）管理部门及业主、监理、施工项目部是否明确所属的消防安全职责。

（4）查阅各级单位共有（用）的疏散通道、安全出口、建筑消防设施和消防车通道是否在合同（承包、租赁、委托经营管理）、安全协议、纪要文件等资料中明确责任人，并实施统一管理。

（5）查阅各级单位安全责任清单，对涉及储能电站、光伏发电、电动汽车等新业务新业态的单位、部门是否明确对应的消防安全职责。

2.4 检查依据（见表10）

表10　　　　　　　　　　　检 查 依 据

序号	依据文件	依据重点内容
1	《电力设备典型消防规程》（DL 5027）3.1	安全生产委员会消防安全主要职责： （1）安全生产委员会组织贯彻落实国家有关消防安全的法律、法规、标准和规定（简称消防法规），建立健全消防安全责任制和规章制度，对落实情况进行监督、考核。 （2）建立消防安全保证和监督体系，督促两个体系各司其职。明确消防工作归口管理职能部门（简称消防管理部门）和消防安全监督部门（简称安监部门），确保消防管理和安监部门的人员配置与其承担的职责相适应。 （3）制定本单位的消防安全目标并组织落实，定期研究、部署本单位的消防安全工作。 （4）深入现场，了解单位的消防安全情况，推广消防先进管理经验和先进技术，对存在的重大或共性问题进行分析，制定针对性的整改措施，并督促措施的落实。 （5）组织或参与火灾事故调查。 （6）对消防安全做出贡献者给予表扬或奖励；对负有事故责任者，给予批评或处罚

续表

序号	依据文件	依据重点内容
2	《电力设备典型消防规程》（DL 5027）3.4	消防管理部门主要职责： （1）贯彻执行消防法规、本单位消防安全管理制度。 （2）拟定逐级消防安全责任制，及其消防安全管理制度。 （3）指导、督促各相关部门制定和执行各岗位消防安全职责、消防安全操作规程，消防设施运行和检修规程等制度，以及制定发电厂厂房、车间、变电站、换流站、调度楼、控制楼、油罐区等重要场所及重点部位的灭火和应急疏散预案。 （4）定期向消防安全管理人报告消防安全情况，及时报告涉及消防安全的重大问题。 （5）拟订年度消防管理工作计划。 （6）拟订消防知识、技能的宣传教育和培训计划，经批准后组织实施。 （7）负责消防安全标志设置，负责或指导、督促有关部门做好消防设施、器材配置、检验、维修、保养等管理工作，确保完好有效。 （8）管理专职消防队和志愿消防队。根据消防法规、公安消防部门的规定和实际情况配备专职消防员和消防装备器材，组织实施专业技能训练，维护保养装备器材。志愿消防员的人数不应少于职工总数的 10%，重点部位不应少于该部位人数的 50%，且人员分布要均匀；年龄男性一般不超 55 岁，女性一般不超 45 岁，能行使职责工作。根据志愿消防人员变动、身体和年龄等情况，及时进行调整或补充，并公布。 （9）确定消防安全重点部位，建立消防档案。 （10）将消防费用纳入年度预算管理，确保消防安全资金的落实，包括消防安全设施、器材、教育培训资金，以及兑现奖惩等。 （11）督促有关部门凡新建、改建、扩建工程的消防设施必须与主体设备（项目）同时设计、同时施工、同时投入生产或使用。 （12）指导、督促有关部门确保疏散通道、安全出口、消防车通道畅通，保证防火防烟分区、防火间距符合消防标准。 （13）指导、督促有关部门按照要求组织发电厂厂房、车间、变电站、换流站、调度楼、控制楼、油罐区等重要场所及重点部位的灭火和应急疏散演练。 （14）指导、督促有关部门实行每月防火检查、每日防火巡查，建立检查和巡查记录，及时消除消防安全隐患。 （15）发生火灾时，立即组织实施灭火和应急疏散预案

序号	依据文件	依据重点内容
3	《电力设备典型消防规程》（DL 5027）3.5	安监部门主要职责： （1）熟悉国家有关消防法规，以及公安消防部门的工作要求；熟悉本单位消防安全管理制度，并对贯彻落实情况进行监督。 （2）拟订年度消防安全监督工作计划，制定消防安全监督制度。 （3）组织消防安全监督检查，建立消防安全检查、消防安全隐患和处理情况记录，督促隐患整改。 （4）定期向消防安全管理人报告消防安全情况，及时报告涉及消防安全的重大问题。 （5）对各级、各岗位消防安全责任制等制度的落实情况进行监督考核。 （6）协助公安消防部门对火灾事故的调查
4	《电力设备典型消防规程》（DL 5027）3.7	专职消防员主要职责： （1）应按照有关要求接受岗前培训和在岗培训。 （2）熟知单位灭火和应急疏散预案，参加消防活动和进行灭火训练，发生火灾时能熟练扑救火灾、组织引导人员安全疏散。 （3）做好消防装备、器材检查、保养和管理，保证其完好有效。 （4）政府部门规定的其他职责
5	《中华人民共和国消防法》第十八条	同一建筑物由两个以上单位管理或者使用的，应当明确各方的消防安全责任，并确定责任人对共用的疏散通道、安全出口、建筑消防设施和消防车通道进行统一管理。住宅区的物业服务企业应当对管理区域内的共用消防设施进行维护管理，提供消防安全防范服务
6	《高层民用建筑消防安全管理规定》第六条	高层民用建筑以承包、租赁或者委托经营、管理等形式交由承包人、承租人、经营管理人使用的，当事人在订立承包、租赁、委托管理等合同时，应当明确各方消防安全责任。委托方、出租方依照法律规定，可以对承包方、承租方、受托方的消防安全工作统一协调、管理
7	《机关、团体、企业、事业单位消防安全管理规定》（公安部令第61号）第十二条	建筑工程施工现场的消防安全由施工单位负责。实行施工总承包的，由总承包单位负责。分包单位向总承包单位负责，服从总承包单位对施工现场的消防安全管理。 对建筑物进行局部改建、扩建和装修的工程，建设单位应当与施工单位在订立的合同中明确各方对施工现场的消防安全责任

2.5 典型问题

- 某供电公司设备部主任安全责任清单中未包括消防安全管理相关职责内容。
- 某供电公司承租外部单位某商务写字楼用于办公，相关租赁合同中未明确租赁方与承租方的消防安全责任。

3 消防安全责任人、管理人履责

3.1 评价内容及分值（见表11）

表11 评 价 内 容 及 分 值

评分内容	标准分	评价方法	评分标准
单位消防安全责任人、管理人应严格按照《机关、团体、企业、事业单位消防安全管理规定》（公安部令第61号）履行相关职责	10	查阅相关文件签阅、工作记录、会议记录、经费投入、现场抽查询问等	单位消防责任人、管理人对职责不清楚的，每处扣3分；每缺少一项工作记录，扣1~3分

3.2 条文内容解读

各级单位消防安全责任人、消防安全管理人应按照国家法律法规和本岗位安全责任清单（消防部分）相关要求，严格履行消防安全管理职责。

3.3 评价方法及评价重点

资料核查：

查阅各级单位消防安全责任人、消防安全管理人文件签阅、工作部署、防火检查、经费投入签批等工作记录，是否严格履行其消防安全职责。

3.4 检查依据（见表12）

表12 检 查 依 据

序号	依据文件	依据重点内容
1	《电力设备典型消防规程》（DL 5027）3.2	消防安全责任人主要职责： （1）贯彻执行消防法规，保障单位消防安全符合规定，

续表

序号	依据文件	依据重点内容
1	《电力设备典型消防规程》（DL 5027）3.2	掌握本单位的消防安全情况。 （2）将消防工作与本单位的生产、科研、经营、管理等活动统筹安排，批准实施年度消防工作计划。 （3）为本单位的消防安全提供必要的经费和组织保障。 （4）确定逐级消防安全责任，批准实施消防安全管理制度和保障消防安全的操作规程。 （5）组织防火检查，督促落实火灾隐患整改，及时处理涉及消防安全的重大问题。 （6）根据消防法规的规定建立专职消防队、志愿消防队。 （7）组织制定符合本单位实际的灭火和应急疏散预案，并实施演练。 （8）确定本单位消防安全管理人。 （9）发生火灾事故做到事故原因不清不放过，责任者和应受教育者没有受到教育不放过，没有采取防范措施不放过，责任人员未受到处理不放过
2	《电力设备典型消防规程》（DL 5027）3.3	消防安全管理人主要职责： （1）拟订年度消防工作计划，组织实施日常消防安全管理工作。 （2）组织制定消防安全管理制度和保障消防安全的操作规程并检查督促其落实。 （3）拟订消防安全工作的资金投入和组织保障方案。 （4）组织实施防火检查和火灾隐患整改工作。 （5）组织实施对本单位消防设施、灭火器材和消防安全标志维护保养，确保其完好有效，确保疏散通道和安全出口畅通。 （6）组织管理专职消防队和志愿消防队。 （7）组织对员工进行消防知识的宣传教育和技能培训，组织灭火和应急疏散预案的实施和演练。 （8）单位消防安全责任人委托的其他消防安全管理工作。 （9）应定期向消防安全责任人报告消防安全情况，及时报告涉及消防安全的重大问题

3.5 典型问题

● 某供电公司消防安全管理人对上级单位冬春火灾防控工作方案仅签阅"已阅"，未对具体工作落实做相关部署安排。

4 消防工作专业归口管理部门履责

4.1 评价内容及分值（见表 13）

表 13   评 价 内 容 及 分 值

评分内容	标准分	评价方法	评分标准
（1）单位消防工作专业（归口）管理部门应确定专（兼）职消防管理人员。 （2）消防工作专业（归口）管理部门和专兼职消防管理人员依法履行相关职责	30	查阅相关文件、工作记录、会议记录、经费投入凭证、现场抽查询问等	（1）未按要求设置专（兼）职消防管理人员不得分。 （2）专业部门负责人、专兼职消防管理人员未按职要求履职的，每项扣 5 分；对本专业消防安全职责不清楚，每项扣 3 分

4.2 条文内容解读

各级单位消防工作专业（归口）管理部门应按照国家法律法规、本部门安全责任清单（消防部分）规章制度相关要求，设置消防管理人员，明确岗位职责。同时，根据本部门消防工作职责，严格执行《中华人民共和国消防法》《国家电网有限公司消防安全监督管理办法》[国网（安监/3）1018] 等国家法律法规、行业规程、公司管理办法，组织实施防火检查、隐患治理、设施维保、教育培训、应急演练等工作，并完善工作记录。

4.3 评价方法及评价重点

资料核查：

（1）查阅各级单位消防工作专业（归口）管理部门岗位设置相关文件、安全责任清单（部门、岗位）、消防相关档案文件，是否按要求设置专（兼）职消防管理人员，并明确本部门、专业及相关人员的消防安全职责。

（2）查阅各级单位消防工作专业（归口）管理部门相关工作记录和消防档案，是否严格履行其消防安全职责。

4.4 检查依据（见表 14）

表 14 检 查 依 据

序号	依据文件	依据重点内容
1	《电力设备典型消防规程》（DL 5027）3.1.2	建立消防安全保证和监督体系，督促两个体系各司其职。明确消防管理部门和安监部门，确保消防管理和安监部门的人员配置与其承担的职责相适应
2	《电力设备典型消防规程》（DL 5027）3.4	消防管理部门主要职责： （1）贯彻执行消防法规、本单位消防安全管理制度。 （2）拟定逐级消防安全责任制，及其消防安全管理制度。指导、督促各相关部门制定和执行各岗位消防安全职责、消防安全操作规程，消防设施运行和检修规程等制度，以及制定发电厂厂房、车间、变电站、换流站、调度楼、控制楼、油罐区等重要场所及重点部位的灭火和应急疏散预案。 （3）定期向消防安全管理人报告消防安全情况，及时报告涉及消防安全的重大问题。 （4）拟订年度消防管理工作计划，拟订消防知识、技能的宣传教育和培训计划，经批准后组织实施。 （5）负责消防安全标志设置，负责或指导、督促有关部门做好消防设施、器材配置、检验、维修、保养等管理工作，确保完好有效。管理专职消防队和志愿消防队。 （6）根据消防法规、公安消防部门的规定和实际情况配备专职消防员和消防装备器材，组织实施专业技能训练，维护保养装备器材。确定消防安全重点部位，建立消防档案。 （7）将消防费用纳入年度预算管理，确保消防安全资金的落实，包括消防安全设施、器材、教育培训资金，以及兑现奖惩等。督促有关部门凡新建、改建、扩建工程的消防设施必须与主体设备（项目）同时设计、同时施工、同时投入生产或使用。 （8）指导、督促有关部门确保疏散通道、安全出口、消防车通道畅通，保证防火防烟分区、防火间距符合消防标准。 （9）指导、督促有关部门按照要求组织变电站、换流站、调度楼、控制楼、油罐区等重要场所及重点部位的灭火和应急疏散演练。 （10）指导、督促有关部门实行每月防火检查、每日防火巡查，建立检查和巡查记录，及时消除消防安全隐患。 （11）发生火灾时，立即组织实施灭火和应急疏散预案

续表

序号	依据文件	依据重点内容
3	《国家电网有限公司消防安全监督管理办法》[国网（安监/3）1018]第三条	公司系统各级单位应建立消防安全责任制，坚持安全自查、隐患自除、责任自负。各级单位安全生产委员会是本单位消防安全工作的领导机构；各单位主要负责人是本单位消防安全责任人，对单位消防安全工作全面负责；其他各分管负责人对分管工作范围内的消防安全负责
4	《国家电网有限公司消防安全监督管理办法》[国网（安监/3）1018]第四条	各级单位应建立健全消防安全保证和监督体系，各专业管理部门是本单位消防工作保证部门，安全监察部门或负有安全监督职责的部门是本单位消防安全监督部门
5	《国家电网有限公司消防安全监督管理办法》[国网（安监/3）1018]第九条	各专业管理部门按照"管业务必须管安全、管生产经营必须管安全"原则，在各自职责范围内依法依规做好本专业的消防安全工作，并对本专业范围消防安全工作全面负责。 （1）落实消防安全责任制，建立健全专业消防安全管理制度和标准规范。 （2）负责消防资金年度预算的制定和执行。 （3）制定和执行各岗位消防安全职责、消防安全操作规程、消防设施运行和检修规程等制度，组织制定重要场所及重点部位的消防应急预案，并定期开展演练。 （4）组织开展消防安全检查和火灾隐患整改工作。 （5）落实"新建、改建、扩建工程的消防设施必须与主体设备（项目）同时设计、同时施工、同时投入生产或使用"的规定及"双验收"要求。 （6）定期报告消防安全情况，及时报告涉及消防安全的重大问题。 （7）制定年度消防工作计划。 （8）确定消防安全重点部位，建立消防档案。 （9）负责消防安全标志设置，做好消防设施、安全标志、器材配置、检验、维修、保养等管理工作，确保完好有效。 （10）组织开展消防安全宣传教育和消防安全培训

4.5 典型问题

● 某供电公司营销部未组织对所辖营业厅设置的消防设施、器材定期进行检查，未履行本部门安全责任清单中"负责营业厅、供电所消防安全管理工作"职责。

5 消控室值班人员、变电站（换流站）运维人员履责

5.1 评价内容及分值（见表 15）

表 15   评 价 内 容 及 分 值

评分内容	标准分	评价方法	评分标准
（1）具备相关从业资格条件、应清晰掌握本岗位消防安全职责和值班巡视要求。 （2）掌握各类消防器材、设备设施功能，现场能够熟练使用、操作各类消防设备设施。 （3）掌握本场所消防安全情况，熟悉应急处置流程，履行消防安全职责	30	查阅安全责任清单、人员相关职业证书、人员访谈、实操等	（1）相关人员不具备岗位从业条件，每人扣 10 分；对自身安全职责、值班要求不清晰的，每项扣 2 分。 （2）对消防器材、设备设施功能掌握不齐全，现场无法熟练使用或操作的，每项扣 2 分。 （3）对本场所消防安全情况、应急处置流程掌握不全面，履责不到位的，每项扣 2 分

5.2 条文内容解读

各级单位消控室值班人员、变电站（换流站）运维人员应具备相关从业资格条件（涉及监控、操作不具有联动控制装置的消防设施应取得《建构筑物消防员》初级或《消防设施操作员》五级及以上消防职业技术资格证书，监控、操作具有联动装置的消防设施应取得《建构筑物消防员》中级或《消防设施操作员》四级或以上消防职业技术资格证书）。

5.3 评价方法及评价重点

资料核查：

通过现场查阅资料、网站核查信息等方式，查阅各级单位消控室值班人员、变电站（换流站）运维人员是否持有对应级别的职业资格证书，是否在本岗位安全责任清单中明确相关消防安全职责。

人员询问：

现场询问消控室值班人员、变电站（换流站）运维人员是否明晰本岗位消防安全职责、值班巡视要求及本场所消防设施设备的运行状况、隐患缺陷情况、操作规程、应急处置流程等内容。

人员测试：

现场测试消控室值班人员、变电站（换流站）运维人员，是否熟练使用、操作本场所涉及的消防器材、消防设施。

5.4　检查依据（见表 16）

表 16　　　　　　　　　　检　查　依　据

序号	依据文件	依据重点内容
1	《消防设施操作员国家职业技能标准》	消控室值班人员、变电站（换流站）运维人员履责应查阅《消防设施操作员国家职业技能标准》
2	《人员密集场所消防安全管理》（GB/T 40248）5.6	消防控制室值班员的职责： 应持证上岗，熟悉和掌握消防控制室设备的功能及操作规程，按照规定和规程测试自动消防设施的功能，保证消防控制室的设备正常运行。 对故障报警信号应及时确认，并及时查明原因，排除故障；不能排除的，应立即向部门主管人员或消防安全管理人报告。 应严格执行每日 24 小时专人值班制度，每班不应少于 2 人，做好消防控制室的火警、故障记录和值班记录
3	《人员密集场所消防安全管理》（GB/T 40248）7.6.16	消防控制室接到火灾警报后，消防控制室值班人员应立即以最快方式进行确认。确认发生火灾后，应立即确认火灾报警联动控制开关处于自动状态，拨打"119"电话报警，同时向消防安全责任人或消防安全管理人报告，启动单位内部灭火和应急疏散预案
4	《人员密集场所消防安全管理》（GB/T 40248）5.7	消防设施操作员的职责： （1）熟悉和掌握消防设施的功能和操作规程。 （2）按照制度和规程对消防设施进行检查、维护和保养，保证消防设施和消防电源处于正常运行状态，确保有关阀门处于正确状态。 （3）发现故障，应及时排除；不能排除的，应及时向上级主管人员报告。 （4）做好消防设施运行、操作、故障和维护保养记录

序号	依据文件	依据重点内容
5	《建筑消防设施的维护管理》（GB 25201）5.1、5.2、5.3	（1）消防控制室、具有消防配电功能的配电室，消防水泵房、防排烟机房等重要的消防设施操作控制场所，应根据工作、生产、经营特点建立值班制度，确保火灾情况下有人能按操作规程及时、正确操作建筑消防设施。 （2）单位制定灭火和应急疏散预案以及组织预案演练时，应将建筑消防设施的操作内容纳入其中，对操作过程中发现的问题应及时纠正。消防控制室值班时间和人员应符合以下要求： 1）实行每日24h值班制度。值班人员应通过消防行业特有工种职业技能鉴定，持有初级技能以上等级的职业资格证书。 2）每班人员应不少于2人，值班人员对火灾报警控制器进行日检查、接班、交班时，应填写《消防控制室值班记录表》的相关内容。值班期间每2h记录一次消防控制室内消防设备的运行情况，及时记录消防控制室内消防设备的火警或故障情况。 3）正常工作状态下，不应将自动喷水灭火系统、防烟排烟系统和联动控制的防火卷帘等防火分隔设施设置在手动控制状态。其他消防设施及相关设备如设置在手动状态时，应有在火灾情况下迅速将手动控制转换为自动控制的可靠措施。 （3）消防控制室值班人员接到报警信号后，应按下列程序进行处理： 1）接到火灾报警信息后，应以最快方式确认。 2）确认属于误报时，查找误报原因并填写《建筑消防设施故障维修记录表》。 3）火灾确认后，立即将火灾报警联动控制开关转入自动状态（处于自动状态的除外），同时拨打"119"火警电话报警。 4）立即启动单位内部灭火和应急疏散预案，同时报告单位消防安全责任人，单位消防安全责任人接到报告后应立即赶赴现场
6	《消防救援局关于贯彻实施国家职业技能标准〈消防设施操作员〉的通知》（应急消154号）	原《建（构）筑物消防员》职业技能标准考核取得的国家职业资格证书依然有效，与同等级相应职业方向的《消防设施操作员》证书通用；监控、操作设有联动控制设备的消防控制室和从事消防设施检测维修保养的人员，应持中级（四级）及以上等级证书

5.5　典型问题

- 某供电公司消防控制室设有联动设备，值班人员资质证书为社会消防机构培训结业证，未持有《消防救援局关于贯彻实施国家职业技能标准〈消防设施操作员〉的通知》（应急消 154 号）中规定的中级（四级）及以上等级证书。
- 某供电公司消防控制室值班人员不会操作消防控制室内火灾自动报警主机"查询历史记录"功能，无法核查主机历史动作情况。
- 某供电公司变电站运维人员不会使用站内配置的正压式空气呼吸器。

6　志愿消防员设置及履责

6.1　评价内容及分值（见表 17）

表 17　　　　　　　　　　　评价内容及分值

评分内容	标准分	评价方法	评分标准
（1）单位应按照规定设置合适数量的志愿消防员。 （2）应掌握本岗位消防安全职责；熟练使用灭火器、消火栓等常用消防器材；熟练火灾报警及疏散逃生	10	查阅相关文件确定人员数量、人员访谈询问相关职责、现场设备操作查看器材使用情况	（1）未按照要求设置规定数量的志愿消防员，每缺少一人扣 2 分。 （2）对自身职责不清晰，每缺少一项扣 2 分；无法熟练使用常用消防器材，每人次扣 2 分；对火灾报警及疏散逃生相关程序不熟悉的，每人次扣 3～5 分

6.2　条文内容解读

各级单位应依据《电力设备典型消防规程》（DL 5027）设置志愿消防员，能够熟练使用基本的消防器材，掌握扑救初起火灾、火灾报警及疏散逃生等技能，发生火情后在保证自身安全的前提下组织引导人员疏散。志愿消防员年龄男性一般不超 55 岁、女性一般不超 45 岁，能够行使工作职责。

6.3 评价方法及评价重点

资料核查：

查阅各级单位消防档案或相应的文件，是否按照要求配置规定数量的志愿消防员。

人员询问：

现场询问单位志愿消防员是否懂得本岗位场所涉及的火灾事故危险性、预防措施、扑救方法、逃生方法，是否会报火警、使用灭火器、灭初期火、引导疏散逃生。

人员测试：

现场测试本单位志愿消防员是否能够熟练使用常用的消防器材。

6.4 检查依据（见表 18）

表 18 检 查 依 据

序号	依据文件	依据重点内容
1	《电力设备典型消防规程》（DL 5027）3.4	志愿消防员的人数不应少于职工总数的 10%，消防安全重点部位不应少于该部位人数的 50%，且人员分布要均匀；年龄男性一般不超 55 岁、女性一般不超 45 岁，能行使职责工作。根据志愿消防人员变动、身体和年龄等情况，及时进行调整或补充，并公布
2	《电力设备典型消防规程》（DL 5027）3.6	志愿消防员主要职责：掌握各类消防设施、消防器材和正压式空气呼吸器等的适用范围和使用方法。熟知相关的灭火和应急疏散预案，发生火灾时能熟练扑救初起火灾、组织引导人员安全疏散及进行应急救援。根据工作安排负责一、二级动火作业的现场消防监护工作

6.5 典型问题

● 某供电公司志愿消防员不掌握现场配置的灭火器、消火栓等消防设施、消防器材的使用方法，不了解本单位灭火和应急疏散预案相关内容。

三、消防安全规章制度和规程

1　消防安全规章制度和规程制定

1.1　评价内容及分值（见表19）

表19　　　　　　　　　　　　　　评价内容及分值

评分内容	标准分	评价方法	评分标准
（1）建立健全本单位消防安全管理制度，应包括：消防安全教育、培训，防火巡查、检查，安全疏散设施管理，消防设施、器材维护管理，火灾隐患整改，专职和志愿消防队（微型消防站）管理，灭火和应急疏散预案、演练，各级各岗位消防安全职责，消防安全工作考评和奖惩，其他必要的消防安全制度等。 （2）消防安全管理制度和现场规程，应按规定审批后执行	20	查阅制度和规程文件	（1）管理制度或操作规程覆盖不全，缺少上述所列相关部分内容，每发现一项扣2～4分（制度规程包含相关内容即可，可以是独立的制度规程也可将相关内容统筹在一个或多个制度或规程内）。 （2）制定的管理制度或操作规程内容不切合本单位实际的，每项扣1～3分；相关制度或操作规程未经审批的，每发现一项扣2分

1.2　条文内容解读

（1）各级单位消防安全管理规章制度是消防法律法规延伸、行业消防标准的细化，包括上级单位及本单位制定的各类管理制度（规定、办法、实施细则等）、技术标准以及现场的操作规程。内容应该涵盖消防安全教育、培训，防火巡查、检查，安全疏散设施管理，消防设施、器材维护管理，火灾隐患整改，专职和志愿消防队（微型消防站）管理，灭火和应急疏散预案、演练，各级各岗位消防安全职责，消防安全工作考评和奖惩，其他必要的消防安全制度等。各级单位一般应结合自身消防管理特点发布相应的管理规定要求文件。

（2）各级单位消防安全管理制度应经本单位消防安全管理人组织制定，消防安全责任人批准实施（一般应通过公司协同办公系统正式文件进行流转、审批）。

1.3 评价方法及评价重点

资料核查：

（1）查阅各级单位是否建立消防安全教育培训、防火巡查和检查、安全疏散设施管理、消防设施和器材维护管理等消防安全管理制度。

（2）查阅各级单位消防安全责任人、消防安全管理人是否对上级发布的规定文件进行部署，是否对本单位制定的实施细则、现场操作规程等文件进行审阅、签发。

1.4 检查依据（见表 20）

表 20　　　　　　　　　　　　检 查 依 据

序号	依据文件	依据重点内容
1	《机关、团体、企业、事业单位消防安全管理规定》（公安部令第 61 号）第十八条	（1）单位应当按照国家有关规定，结合本单位的特点，建立健全各项消防安全制度和保障消防安全的操作规程，并公布执行。 （2）单位消防安全制度主要内容包括：消防安全教育、培训；防火巡查、检查；安全疏散设施管理；消防（控制室）值班；消防设施、器材维护管理；火灾隐患整改；用火、用电安全管理；易燃易爆危险物品和场所防火防爆；专职和义务消防队的组织管理；灭火和应急疏散预案演练；燃气和电气设备的检查和管理（包括防雷、防静电）；消防安全工作考评和奖惩；其他必要的消防安全内容
2	《电力设备典型消防规程》（DL 5027）4.1.1	消防安全管理制度应包括下列内容： （1）各级和各岗位消防安全职责、消防安全责任制考核、动火管理、消防安全操作规定、消防设施运行规程、消防设施检修规程。 （2）电缆、电缆间、电缆通道防火管理，消防设施与主体设备或项目同时设计、同时施工、同时投产管理，消防安全重点部位管理。 （3）消防安全教育培训，防火巡查、检查，消防控制室值班管理，消防设施、器材管理，火灾隐患整改，用火、用电安全管理。 （4）易燃易爆危险物品和场所防火防爆管理，专职和志愿消防队管理，疏散、安全出口、消防车通道管理，燃气和电气设备的检查和管理（包括防雷、防静电）。 （5）消防安全工作考评和奖惩，灭火和应急疏散预案以及演练。 （6）根据有关规定和单位实际需要制定其他消防安全管理制度

1.5　典型问题

- 某供电公司消防设施现场运行规程未经审批，仅作为部门文件在部分部门进行保存。

2　消防安全规章制度和规程管理

2.1　评价内容及分值（见表21）

表21　　　　　　　　　　　　评价内容及分值

评分内容	标准分	评价方法	评分标准
（1）县公司级以上单位（含县公司级单位）每年应对现场规程进行一次复查、修订，每3～5年对管理制度和现场规程进行一次全面修订、审定。 （2）县公司级以上单位（含县公司级单位）每年应对消防安全管理制度和现场规程进行一次检查，发布现行有效制度清单	20	查阅发文制度、规程、文件清单等	（1）消防安全管理制度或现场规程，复查、修订不及时的，每项扣5分。 （2）未定期发布现行有效制度清单的，扣5分

2.2　条文内容解读

各级单位应按照国家法律法规要求，结合自身实际，每年针对上级单位各项管理规定的更新对本单位现场规程（一般指现场消防设施设备的运行、操作规程）进行一次复查、修订。

2.3　评价方法及评价重点

资料核查：

（1）查阅各级单位现场规程复查、修订及消防安全责任人、消防安全管理人审阅、签发相关记录。

（2）查阅各级单位是否发布现行有效的消防安全管理制度和现场规程制度清单。消防安全管理制度和现场操作规程等内容是否与现场实际相符。

2.4 检查依据（见表 22）

表 22　　　　　　　　　　　　　检　查　依　据

序号	依据文件	依据重点内容
1	《国家电网公司安全工作规定》[国网（安监/2）406] 第二十八条	国家电网公司所属各级单位应及时修订、复查现场规程，现场规程的补充或修订应严格履行审批程序。 （1）当上级颁发新的规程和反事故技术措施、设备系统变动、本单位事故防范措施需要时，应及时对现场规程进行补充或对有关条文进行修订，书面通知有关人员。 （2）每年应对现场规程进行一次复查、修订，并书面通知有关人员；不需修订的，也应出具经复查人、审核人、批准人签名的"可以继续执行"的书面文件，并通知有关人员。 （3）现场规程宜每 3～5 年进行一次全面修订、审定并印发
2	《国家电网公司安全工作规定》[国网（安监/2）406] 第二十九条	省公司级单位应定期公布现行有效的规程制度清单；地市公司、县公司级单位应每年至少一次对安全法律法规、标准规范、规章制度、操作规程的执行情况进行检查评估，公布一次本单位现行有效的现场规程制度清单，并按清单配齐各岗位有关的规程制度

2.5 典型问题

- 某供电公司未定期修订本单位 220kV 变电站细水雾系统、气体灭火系统等固定灭火设施现场操作规程。
- 某供电公司 2015 年制定的《消防安全管理实施细则》部分内容与 2020 年下发的《国家电网有限公司消防安全监督管理办法》（国网〔安监 3〕1018 号）不相符，未及时进行修订、更新。

四、防火巡查检查及火灾隐患整改

1 防火巡查

1.1 评价内容及分值（见表23）

表23 评 价 内 容 及 分 值

评分内容	标准分	评价方法	评分标准
（1）按照规定的频次进行防火巡查：消防安全重点单位每天进行一次防火巡查；高层建筑营业期间的公众聚集场所、生物质发电厂料场等火灾高危场所每2h巡查一次。 （2）防火巡查部位、内容应齐全、完备；防火巡查人员应当及时纠正违章行为，妥善处置火灾危险，无法当场处置的，应当立即报告，发现初起火灾应当立即报警并及时扑救。 （3）防火巡查应当填写巡查记录，巡查人员及主管人员应当在巡查记录上签名	20	查阅防火巡查记录	（1）未开展防火巡查或无防火巡查记录，不得分；每缺少一次防火巡查，扣5分。 （2）防火巡查记录内容缺失，每缺少一处扣2分；巡查记录与实际现场情况不符，每处扣5分。 （3）巡查记录填写不规范，每处扣2分

1.2 条文内容解读

（1）各级单位应按照国家法律法规要求，根据本单位场所性质，建立防火巡查机制，开展防火巡查工作（消防安全重点单位每天一次；高层建筑营业期间的公众聚集场所、生物质发电厂料场等火灾高危场所每2h一次）。

（2）各级单位防火巡查内容应符合国家规范要求，一般应包含用火、用电有无违章情况，安全出口、疏散通道是否畅通，安全疏散指示标志、应急照明是否完好，消防设施、器材和消防安全标志是否在位、完整，常闭式防火门是否处于关闭状态，防火卷帘下是否堆放物品影响使用，消防安全重点部位的人员在岗情况，其他消防安全情况等内容，并填写巡查记录，巡查人员及其主管人员应当在巡查记录上签名。

1.3 评价方法及评价重点

资料核查：

（1）查阅各级单位相关场所巡查频次是否满足要求。

（2）查阅各级单位防火巡查内容及签字是否规范，并与实际相符。

1.4 检查依据（见表 24）

表 24   检　查　依　据

序号	依据文件	依据重点内容
1	《机关、团体、企业、事业单位消防安全管理规定》（公安部令第 61 号）第二十五条	（1）消防安全重点单位应当进行每日防火巡查，公众聚集场所在营业期间的防火巡查应当至少每 2h 一次；营业结束时应当对营业现场进行检查。 （2）巡查的内容应当包括： 1）用火、用电有无违章情况。 2）安全出口、疏散通道是否畅通，安全疏散指示标志、应急照明是否完好。 3）消防设施、器材和消防安全标志是否在位、完整。 4）常闭式防火门是否处于关闭状态，防火卷帘下是否堆放物品影响使用。 5）消防安全重点部位的人员在岗情况。 6）其他消防安全情况。 （3）防火巡查应当填写巡查记录，巡查人员及其主管人员应当在巡查记录上签名
2	《国家电网公司变电运维管理规定（试行）》[国网（运检/3）828]	（1）例行巡视：一类变电站每 2 天不少于 1 次；二类变电站每 3 天不少于 1 次；三类变电站每周不少于 1 次；四类变电站每 2 周不少于 1 次。 （2）全面巡视：一类变电站每周不少于 1 次；二类变电站每 15 天不少于 1 次；三类变电站每月不少于 1 次；四类变电站每 2 月不少于 1 次。 （3）例行巡视和全面巡视应有记录

1.5 典型问题

- 某供电公司防火巡查记录内容不全，缺少巡查消防安全重点部位人员在岗情况、消防安全疏散指示标志、应急照明设施检查情况等内容。
- 某供电公司办公大楼防火巡查人员及其主管人员未在防火巡查记录上签字确认。

2　防火检查

2.1　评价内容及分值（见表 25）

表 25　　　　　　　　　　　　　评 价 内 容 及 分 值

评分内容	标准分	评价方法	评分标准
（1）每月至少进行一次防火检查，高层建筑应当每半个月至少开展一次防火检查，并填写检查记录；每逢法定节日、假日或重大活动前，组织对相关消防安全重点部位和保电重要电力设施所在场所组织开展专项防火检查。 （2）防火检查内容应齐全、完备；检查应填写检查记录，检查人员和被检查部门负责人应当在检查记录上签名	10	查阅防火检查记录和询问	（1）未开展防火检查或无防火检查记录，不得分；每缺少一次防火检查，扣 3 分。 （2）防火检查记录内容缺失，每缺少一处扣 1 分；检查记录与实际现场情况不符，每处扣 3 分；检查记录填写不规范，每处扣 1 分

2.2　条文内容解读

（1）各级单位应按照国家法律法规要求，建立防火检查机制，开展防火检查工作（防火检查每月至少进行一次；高层建筑应当每半个月至少开展一次；法定节日、假日或重大活动前，应组织对相关消防安全重点部位和保电重要电力设施所在场所组织开展专项防火检查）。

（2）各级单位防火检查内容应符合国家规范要求，一般应包含：火灾隐患的整改情况以及防范措施的落实情况；安全疏散通道、疏散指示标志、应急照明和安全出口情况；消防车通道、消防水源情况；灭火器材配置及有效情况；用火、用电有无违章情况；重点工种人员，以及其他员工消防知识的掌握情况；消防安全重点部位、易燃易爆危险物品和场所防火防爆措施的落实情况；消防（控制室）值班情况和设施运行、记录情况；防火巡查情况；消防安全标志的设置情况和完好、有效情况。

2.3　评价方法及评价重点

资料核查：

（1）查阅各级单位相关场所检查频次是否满足要求，法定节假日或重大活动前是否开展防火检查。

（2）查阅各级单位防火检查内容及签字是否规范，并与实际相符。

2.4 检查依据（见表 26）

表 26 检 查 依 据

序号	依据文件	依据重点内容
1	《机关、团体、企业、事业单位消防安全管理规定》（公安部令第 61 号）第二十六条	机关、团体、事业单位应当至少每季度进行一次防火检查，其他单位应当至少每月进行一次防火检查。检查的内容应当包括： （1）火灾隐患的整改情况以及防范措施的落实情况。 （2）安全疏散通道、疏散指示标志、应急照明和安全出口情况。 （3）消防车通道、消防水源情况。 （4）灭火器材配置及有效情况。 （5）用火、用电有无违章情况。 （6）重点工种人员及其他员工消防知识的掌握情况。 （7）消防安全重点部位的管理情况。 （8）易燃易爆危险物品和场所防火防爆措施的落实情况以及其他重要物资的防火安全情况。 （9）消防（控制室）值班情况和设施运行、记录情况。 （10）防火巡查情况。 （11）消防安全标志的设置情况和完好、有效情况。 防火检查应当填写检查记录。检查人员和被检查部门负责人应当在检查记录上签名
2	《国家电网有限公司消防安全监督检查工作规范》（Q/GDW 11886）表 A.1、5.2、5.3	每月至少进行一次防火检查。每逢法定节日、假日或重大活动前，组织对相关消防安全重点部位和保电重要电力设施所在场所组织开展专项防火检查。防火检查内容应包括防火巡查、消防设施器材运维、火灾隐患整改、消防宣传和应急演练等情况
3	《高层民用建筑消防安全管理规定》（应急管理部令第 5 号）第三十五条	高层公共建筑应当每半个月至少开展一次防火检查，并填写检查记录

2.5 典型问题

● 某供电公司在国庆节、春节等重要节日前未组织对调控中心、信息机房、物资库房等消防安全重点部位进行专项防火检查。

3　消防督查

3.1　评价内容及分值（见表 27）

表 27　　　　　　　　　　　评价内容及分值

评分内容	标准分	评价方法	评分标准
（1）各级单位定期进行消防安全监督检查［总（分）部每年不定期、省公司级单位每年不少于 2 次、地市公司级单位每季度不少于 1 次、县公司级单位每月不少于 1 次］，制定消防安全监督检查工作方案，明确监督检查重点内容。 （2）针对监督检查发现的问题应及时印发整改通知单，明确整改要求和工作建议	10	查阅消防安全监督检查方案、报告、记录	（1）督查频次不足，每少一次扣 5 分；督查未制定工作方案或工作方案中检查重点内容不完备，扣 3～5 分；在其他重要时段内应查而未查的，每次扣 3 分。 （2）发现问题但未向被查单位下发整改通知单或要求不明确，每次扣 2～5 分

3.2　条文内容解读

（1）各级单位应按照《国家电网有限公司消防安全监督检查工作规范》（Q/GDW 11886），建立消防安全监督检查机制，定期开展消防安全监督检查工作（省公司级单位一年至少组织开展 2 次消防安全监督检查，地市公司级单位每季度至少组织开展 1 次消防安全监督检查，县公司级单位每月至少组织开展 1 次消防安全监督检查）。

（2）各级单位开展的消防安全监督检查一般应制定工作方案，明确检查重点内容。

（3）各级单位在消防安全监督检查中发现的隐患问题应按照公司规定，正式下发整改通知单（一般应以书面形式下发），明确整改要求和工作建议。

（4）消防安全监督检查的结果，应向被检查单位通报。对检查发现的隐患，应责令责任单位立即采取防控措施并限期整改，对隐患整改实施闭环管理。对于关键项应立即整改并消除；主要项、一般项应尽快整改并消除。对于检查中发现重大问题的整改情况，可根据需要适时组织复查。安全监督部门应建立消防安全监督检查工作档案。

3.3 评价方法及评价重点

资料核查：

（1）查阅各级单位消防安全监督检查工作记录，检查频次是否符合公司规定要求，检查通知、工作方案等过程性佐证材料是否齐全。

（2）检查相关单位隐患问题整改是否闭环情况。对于关键项是否立即整改并消除；主要项、一般项是否尽快整改并消除。安全监督部门是否建立了消防安全监督检查工作档案。

3.4 检查依据（见表28）

表 28   检 查 依 据

序号	依据文件	依据重点内容
1	《国家电网有限公司消防安全监督检查工作规范》（Q/GDW 11886）4.2	制定消防安全监督检查工作计划和方案，确定检查组人员，明确检查重点内容、检查组分工和时间安排。按照工作计划和方案，开展现场检查或远程抽查，对于检查中发现的问题向受检单位下发整改通知单，并留存备查。 监督检查后，应编写监督检查工作报告，明确整改要求和工作建议，并随同消防安全监督检查发现问题汇总表留存备查。 受检单位收到整改通知单和监督检查工作报告后，应在 3 个工作日内编制完成整改计划表，明确整改责任部门、整改措施、完成时间，经分管领导批准后上报检查单位。受检单位应按照整改计划，逐条落实整改措施，并将整改完成情况纳入本单位安全监督检查内容。整改完成后，将整改情况反馈表报检查单位备查
2	《国家电网有限公司消防安全监督检查工作规范》（Q/GDW 11886）表 A.1、5.2、5.3	定期进行消防安全监督检查。总（分）部每年不定期组织开展消防安全监督检查，省公司级单位一年至少组织开展 2 次消防安全监督检查，地市公司级单位每季度至少组织开展 1 次消防安全监督检查，县公司级单位每月至少组织开展 1 次消防安全监督检查
3	《电力设备典型消防规程》（DL 5027）4.5.3	消防安全监督检查应包括下列内容： （1）建筑物或者场所依法通过消防验收或者进行消防竣工验收备案。 （2）新建、改建、扩建工程，消防设施与主体设备或项目同时设计、同时施工、同时投入生产或使用，并通过消防验收。 （3）制定消防安全制度、灭火和应急疏散预案，以及制度执行情况。

续表

序号	依据文件	依据重点内容
3	《电力设备典型消防规程》（DL 5027）4.5.3	（4）建筑消防设施定期检测、保养情况，消防设施、器材和消防安全标志。 （5）电器线路、燃气管路定期维护保养、检测。 （6）疏散通道、安全出口、消防车通道、防火分区、防火间距。 （7）组织防火检查，特殊工种人员参加消防安全专门培训，持证上岗情况。 （8）开展每日防火巡查和每月防火检查，记录情况。 （9）定期组织消防安全培训和消防演练。 （10）建立消防档案、确定消防安全重点部位等。 （11）对人员密集场所，还应检查灭火和应急疏散预案中承担灭火和组织疏散任务的人员是否确定

3.5　典型问题

- 某供电公司（地市公司级单位）制定的 2021 年消防安全监督检查工作方案中计划半年开展一次消防安全督查，不满足规定要求的督查频次（每季度至少开展一次）。
- 某供电公司开展消防安全监督检查对发现的隐患问题未向相关责任单位下发隐患整改通知单，未明确整改要求和工作建议。

4　火灾隐患治理

4.1　评价内容及分值（见表 29）

表 29　　　　　　　　　评 价 内 容 及 分 值

评分内容	标准分	评价方法	评分标准
（1）建立本单位统一的隐患清单，将火灾隐患全面纳入清单进行闭环管理。 （2）火灾隐患应按要求进行闭环管理；整改完毕应履行签字确认手续；对不能立即整改的，应落实防范措施或停产停业；对于重大隐患还应及时向其上级单位、当地人民政府报告。 （3）对消防部门责令限期整改的火灾隐患，应在规定期限内整改并按要求报送整改情况	20	查阅隐患排查治理工作方案、隐患清单、消防部门监督检查记录和火灾隐患整改记录；实地抽查	（1）未建立火灾隐患清单或隐患覆盖不全，扣 5~10 分；隐患清单缺项，每项扣 3~5 分。 （2）隐患整改未闭环、未履行签字确认手续，"五落实"不到位、针对性不强的，每条扣 3~5 分；重大火灾隐患未按要求报告的，不得分；应停未停的，不得分。 （3）消防部门责令限期整改的未按期整改，不得分

4.2 条文内容解读

各级单位应按照《机关、团体、企业、事业单位消防安全管理规定》（公安部令第 61 号）、《高层民用建筑消防安全管理规定》（应急管理部令第 5 号）及《国家电网有限公司消防安全监督检查工作规范》（Q/GDW 11886）要求，建立火灾隐患清单（清单内容一般应包含发现时间、具体内容、整改措施、责任人、整改时间等信息），将防火巡查检查、各级督查、专项排查、消防安全性评价等发现的火灾隐患问题全部纳入清单进行闭环管理，对不能当场改正的火灾隐患，应确定整改措施、期限、人员、资金予以整改。在火灾隐患未消除之前，应落实防范措施，保障消防安全；不能确保消防安全的，应将危险部位停产停业整改。

对于国家规定［依据《重大火灾隐患判定方法》（GB 35181）判定］的重大火灾隐患还应及时向上级单位、当地政府报告。

4.3 评价方法及评价重点

资料核查：

（1）查阅各级单位是否建立火灾隐患档案，防火巡查、检查、各级督查、专项排查、消防安全性评价发现的问题是否纳入隐患问题清单，录入是否规范，抽查隐患是否存在超期未整改的情况。

（2）查阅各级单位发现国家规定［按照《重大火灾隐患判定方法》（GB 35181）判定］的重大火灾隐患是否按照规范要求向上级单位和当地政府报告。

现场检查：

现场检查已完成整改的火灾隐患是否整改到位（至少随机抽查两处及以上已完成整改的火灾隐患问题）。

4.4 检查依据（见表 30）

表 30		检 查 依 据
序号	依据文件	依据重点内容
1	《机关、团体、企业、事业单位消防安全管理规定》（公安部令第 61 号）第三十二条	（1）对不能当场改正的火灾隐患，消防工作归口管理职能部门或者专兼职消防管理人员应当根据本单位的管理分工，及时将存在的火灾隐患向单位的消防安全管理人或者消防安全责任人报告，提出整改方案。消防安全管理人或

续表

序号	依据文件	依据重点内容
1	《机关、团体、企业、事业单位消防安全管理规定》（公安部令第61号）第三十二条	者消防安全责任人应当确定整改的措施、期限以及负责整改的部门、人员，并落实整改资金。 （2）在火灾隐患未消除之前，单位应当落实防范措施，保障消防安全。不能确保消防安全，随时可能引发火灾或者一旦发生火灾将严重危及人身安全的，应当将危险部位停产停业整改
2	《机关、团体、企业、事业单位消防安全管理规定》（公安部令第61号）第三十四条	对于涉及城市规划布局而不能自身解决的重大火灾隐患，以及机关、团体、事业单位确无能力解决的重大火灾隐患，单位应当提出解决方案并及时向其上级主管部门或者当地人民政府报告
3	《机关、团体、企业、事业单位消防安全管理规定》（公安部令第61号）第三十五条	对公安消防机构责令限期改正的火灾隐患，单位应当在规定的期限内改正并写出火灾隐患整改复函，报送公安消防机构
4	《重大火灾隐患判定方法》（GB 35181）	（1）采用综合判定方法判定重大火灾隐患时，应按下列步骤进行： 1）确定建筑或场所类别。 2）确定该建筑或场所是否存在第7章规定的综合判定要素的情形和数量。 3）按第4章规定的原则和程序，对照5.3.3进行重大火灾隐患综合判定。 4）对照5.1.3排除不应判定为重大火灾隐患的情形。 （2）符合下列条件应综合判定为重大火灾隐患： 1）人员密集场所存在7.3.1～7.3.9和7.5、7.9.3规定的综合判定要素3条以上（含本数，下同）。 2）易燃、易爆危险品场所存在7.1.1～7.1.3、7.4.5和7.4.6规定的综合判定要素3条以上。 3）人员密集场所、易燃易爆危险品场所、重要场所存在第7章规定的任意综合判定要素4条以上。 4）其他场所存在第7章规定的任意综合判定要素6条以上。 （3）发现存在第7章以外的其他违反消防法律法规、不符合消防技术标准的情形，技术论证专家组可视情节轻重，结合5.3.3做出综合判定

4.5　典型问题

● 某供电公司2021年以来发现的火灾隐患没有建立本单位统一的隐患清单，没有明确隐患治理措施，整改时间，未对火灾隐患进行闭环管理。

● 某供电公司发现的火灾隐患在隐患清单中显示已整改完毕，现场核查隐患仍然存在，闭环整改不到位。

五、消防安全重点部位管理

1 消防安全重点部位通用管理

1.1 评价内容及分值（见表31）

表 31　　　　　　　　　　　　评价内容及分值

评分内容	标准分	评价方法	评分标准
（1）应确定消防安全重点部位（或防火重点部位），针对不同火灾危险性，制定相应管理要求、安全操作规程和事故应急处置操作流程，应急疏散方案。 （2）应建立重点部位岗位防火职责，按规定配置消防标识、设备、设施和器材。 （3）设置明显的防火标志，在出入口位置悬挂防火警示标示牌	60	查阅制度、规程、岗位安全责任清单、现场消防设备及标志等	（1）未建立重点部位清单不得分；重点部位识别不全，每缺少一处扣10分；未制定或相关管理制度未包含相应管理要求、安全操作规程、应急处置操作流程或审批流程不规范，每项扣5～10分；未严格落实相关管理要求，每项扣3～5分。 （2）未制定岗位防火职责或职责不清晰、不齐全，每处扣3～10分；未按要求配置消防设备、设施和器材，每项扣5～10分。 （3）防火标志每缺少一处扣3分；整体未悬挂警示标识牌，扣10分；警示标识牌缺少一处或内容不齐全，扣3～5分

1.2 条文内容解读

（1）各级单位应按照国家标准、行业规范要求将容易发生火灾、一旦发生火灾可能严重危及人身和财产安全以及对消防安全有重大影响的部位确定为消防安全重点部位（或防火重点部位），建立本单位消防安全重点部位档案，明确重点部位责任人、岗位防火职责。

（2）各级单位应根据消防安全重点部位不同火灾危险性，针对性制定相应管理要求、安全操作规程、事故应急处置操作流程和应急疏散方案，配置专用的消防标识、设备设施和器材，设置防火标志，在出入口位置悬挂防火警示标示牌（应包括消防安全重点部位的名称、防火责任人等内容）。

1.3 评价方法及评价重点

资料核查：

（1）查阅各级单位消防安全重点部位档案，对照场所实际核查是否按照国家标准、行业规范正确、全面辨识出消防安全重点部位，并纳入档案进行统一管理。

（2）查阅各级单位消防安全重点部位管理资料，是否明确对每个重点部位人员岗位防火职责，针对性制定管理要求、安全操作规程和事故应急处置操作流程及应急疏散方案。

现场检查：

现场检查单位消防安全重点部位，是否设置消防标识并在出入口位置悬挂防火警示标示牌；是否针对火灾危险性配置消防设施设备和消防器材。

1.4 检查依据（见表 32）

表 32　　　　　　　　　　检 查 依 据

序号	依据文件	依据重点内容
1	《电力设备典型消防规程》（DL 5027）4.2.2	消防安全重点部位应包括下列部位： （1）油罐区（包括燃油库、绝缘油库、透平油库），制氢站、供氢站、发电机、变压器等注油设备，电缆间以及电缆通道、调度室、控制室、集控室、计算机房、通信机房、风力发电机组机舱及塔筒。 （2）换流站阀厅、电子设备间、铅酸蓄电池室、天然气调压站、储氨站、液化气站、乙炔站、档案室、油处理室、秸秆仓库或堆场、易燃易爆物品存放场所。 （3）发生火灾可能严重危及人身、电力设备和电网安全以及对消防安全有重大影响的部位
2	《电力设备典型消防规程》（DL 5027）4.2.3	消防安全重点部位应当建立岗位防火职责，设置明显的防火标志，并在出入口位置悬挂防火警示标示牌。标示牌的内容应包括消防安全重点部位的名称、消防管理措施、灭火和应急疏散方案及防火责任人

续表

序号	依据文件	依据重点内容
3	《社会单位灭火和应急疏散预案编制及实施导则》（GB/T 38315）5.3	预案应针对可能发生的各种火灾事故和影响范围分级分类编制，科学编写预案文本，明确应急机构人员组成及工作职责、火灾事故的处置程序以及预案的培训和演练要求等
4	《机关、团体、企业、事业单位消防安全管理规定》（公安部令第61号）第十九条	单位应当将容易发生火灾、一旦发生火灾可能严重危及人身和财产安全以及对消防安全有重大影响的部位确定为消防安全重点部位，设置明显的防火标志，实行严格管理

1.5 典型问题

● 某供电公司未将电力调度大厅、通信机房作为消防安全重点部位纳入消防档案中进行管理。
● 某供电公司蓄电池室、通信机房、控制室、档案室、配电室等消防安全重点部位出入口位置未悬挂防火警示标示牌。

2 消防控制室/值班室

2.1 评价内容及分值（见表33）

表33 评价内容及分值

评分内容	标准分	评价方法	评分标准
（1）应制定落实消防控制室、火灾事故应急处置、消防控制设备故障处置等相关制度规程。 （2）消防控制室值班操作人员应持《建构筑物消防员》中级或《消防设施操作员》四级或以上消防职业技术资格证书，掌握消防设施操作和应急处置流程。 （3）消防控制室值班记录表、建筑消防设施故障维修记录表等应规范填写、更新和归档。	40	查阅资质证书、值班记录、制度流程、现场询问和设备检查	（1）未制定消防控制室、火灾事故应急处置、消防控制设备故障处置等相关制度规程，扣10分；相关制度不符合相关规范标准要求，每处扣5分。 （2）消防控制室值班人员未持证上岗，每人扣10分；持证不符合要求，扣5~8分；不熟悉消防设施操作和应急处置流程的，每人扣5分。

评分内容	标准分	评价方法	评分标准
（4）无人值班变电站火警信号应上传本单位或上级 24h 有人值守的消防监控场所，并有声光警示功能；有人值班变电站（换流站）消防控制室应设置在本站主控制室内	40	查阅资质证书、值班记录、制度流程、现场询问和设备检查	（3）消控控制室值班记录、设施故障维修记录填写不规范，每处扣 3～5 分。 （4）无人值守变电站火警信号未按要求上传信号，一处扣 5～10 分；有人值班站消防控制室未设在本站主控室，一处扣 5～10 分

2.2　条文内容解读

（1）设置消防控制室的单位应按照国家标准、行业规范要求建立健全消防控制室值班管理制度（日常值班管理、火灾事故应急处置、消防控制设备故障处置等），并在消防控制室留存竣工图纸、各分系统控制逻辑关系说明、设备使用说明书、系统操作规程、应急预案、值班制度、维护保养制度及值班记录等文件资料；配置专职的值班操作人员（取得《建构筑物消防员》中级或《消防设施操作员》四级或以上消防职业技术资格证书），每日 24h 专人值班制度，每班不应少于 2 人，并掌握消防设施操作和应急处置流程。

（2）无人值班变电站火灾报警、自动灭火装置等信号应上传本单位或上级 24h 有人值守的消防监控场所（集控站、调控中心等），并有声光警示功能；有人值班变电站（换流站）消防控制室应设置在本站主控制室内。

2.3　评价方法及评价重点

资料核查：

查阅各级单位消防控制室文件资料、管理记录，文件资料是否齐全，管理记录是否填写规范，并及时更新和归档；消防控制室值班人员是否持有相应级别的消防设施操作员职业资格证书，并按要求进行公示（国家职业资格证书查询网站：http://zscx.osta.org.cn）。

人员询问：

现场询问消防控制室值班人员，是否能够熟练使用、操作消防控制室火灾报警控制器、消防联动控制器、消防控制室图形显示装置、消防专用电话总机、消防应急广播控制装置、消防应急照明和疏散指示系统控制装置、消防电源监控器等设备，是否熟悉灭火和应急处置流程。

现场检查：

现场检查配置火灾自动报警系统且具有消防联动功能的单位是否设置消防控制室，有人值班变电站（换流站）消防控制室是否设置在本站主控制室内，无人值班变电站火灾报警、自动灭火装置等信号是否上传至本单位或上级 24h 有人值守的消防监控场所，并有声光警示功能。

2.4 检查依据（见表 34）

表 34　　　　　　　　　　检 查 依 据

序号	依据文件	依据重点内容
1	《消防控制室通用技术要求》（GB 25506）4.1	消防控制室内应保存下列纸质和电子档案资料： （1）建（构）筑物竣工后的总平面布局图、建筑消防设施平面布置图、建筑消防设施系统图及安全出口布置图、重点部位位置图等。 （2）消防安全管理规章制度、应急灭火预案、应急疏散预案等。 （3）消防安全组织结构图，包括消防安全责任人、管理人、专职、义务消防人员等内容。 （4）消防安全培训记录、灭火和应急疏散预案的演练记录。 （5）值班情况、消防安全检查情况及巡查情况的记录。 （6）消防设施一览表，包括消防设施的类型、数量、状态等内容。 （7）消防系统控制逻辑关系说明、设备使用说明书、系统操作规程、系统和设备维护保养制度等。 （8）设备运行状况、接报警记录、火灾处理情况、设备检修检测报告等资料，这些资料应能定期保存和归档
2	《消防控制室通用技术要求》（GB 25506）4.2	（1）消防控制室管理应符合下列要求： 1）应实行每日 24h 专人值班制度，每班不应少于 2 人，值班人员应持有消防控制室操作职业资格证书。 2）消防设施日常维护管理应符合《建筑消防设施的维护管理》（GB 25201）的要求。 3）应确保火灾自动报警系统、灭火系统和其他联动控制设备处于正常工作状态，不得将应处于自动状态的设备置于手动状态。 4）应确保高位消防水箱、消防水池、气压水罐等消防储水设施水量充足，确保消防泵出水管阀门、自动喷水灭火系统管道上的阀门常开；确保消防水泵、防排烟风机、防火卷帘等消防用电设备的配电柜启动开关处于自动位置（通电状态）。

续表

序号	依据文件	依据重点内容
2	《消防控制室通用技术要求》（GB 25506）4.2	（2）消防控制室的值班应急程序应符合下列要求： 1）接到火灾警报后，值班人员应立即以最快方式确认。 2）火灾确认后，值班人员应立即确认火灾报警联动控制开关处于自动状态，同时拨打"119"报警，报警时应说明着火单位地点、起火部位、着火物种类、火势大小、报警人姓名和联系电话。 3）值班人员应立即启动单位内部应急疏散和灭火预案，并同时报告单位负责人
3	《消防救援局关于贯彻实施国家职业技能标准〈消防设施操作员〉的通知》（应急消 154 号）	原《建（构）筑物消防员》职业技能标准考核取得的国家职业资格证书依然有效，与同等级相应职业方向的《消防设施操作员》证书通用；监控、操作设有联动控制设备的消防控制室和从事消防设施检测维修保养的人员，应持中级（四级）及以上等级证书
4	《电力设备典型消防规程》（DL 5027）6.3.8	火灾自动报警系统应接入本单位或上级 24h 有人值守的消防监控场所，并有声光警示功能
5	《国家电网有限公司消防安全监督检查工作规范》（Q/GDW 11886）6.4.1	有人值班变电站消防控制室设置在本地主控制室，无人值班变电站应将火灾报警信号上传至上级有关单位（如地市级或县级变电站消防监控中心）
6	《火灾自动报警系统设计规范》（GB 50116）3.4.1	具有消防联动功能的火灾自动报警系统的保护对象中应设置消防控制室
7	《火灾自动报警系统设计规范》（GB 50116）3.4.2	消防控制室内设置的消防设备应包括火灾报警控制器、消防联动控制器、消防控制室图形显示装置、消防专用电话总机、消防应急广播控制装置、消防应急照明和疏散指示系统控制装置、消防电源监控器等设备或具有相应功能的组合设备
8	《火灾自动报警系统设计规范》（GB 50116）3.4.4	消防控制室应有相应的竣工图纸、各分系统控制逻辑关系说明、设备使用说明书、系统操作规程、应急预案、值班制度、维护保养制度及值班记录等文件资料
9	《建筑消防设施的维护管理》（GB 25201）5.2、5.3 条	（1）消防控制室值班时间和人员应符合以下要求： 1）实行每日 24h 值班制度。值班人员应通过消防行业特有工种职业技能鉴定，持有初级技能以上等级的职业资格证书。 2）每班工作时间应不大于 8h，每班人员应不少于 2人，值班人员对火灾报警控制器进行日检查、接班、交班时，应填写《消防控制室值班记录表》的相关内容。值班期间每 2h 记录一次消防控制室内消防设备的运行情况，及时记录消防控制室内消防设备的火警或故障情况。 3）正常工作状态下，不应将自动喷水灭火系统、防烟排烟系统和联动控制的防火卷帘等防火分隔设施设置在手动控制状态。其他消防设施及其相关设备如设置在手

47

续表

序号	依据文件	依据重点内容
9	《建筑消防设施的维护管理》（GB 25201）5.2、5.3 条	动状态时，应有在火灾情况下迅速将手动控制转换为自动控制的可靠措施。 （2）消防控制室值班人员接到报警信号后，应按下列程序进行处理： 1）接到火灾报警信息后，应以最快方式确认。 2）确认属于误报时，查找误报原因并填写《建筑消防设施故障维修记录表》。 3）火灾确认后，立即将火灾报警联动控制开关转入自动状态（处于自动状态的除外），同时拨打"119"火警电话报警。 4）立即启动单位内部灭火和应急疏散预案，同时报告单位消防安全责任人。单位消防安全责任人接到报告后应立即赶赴现场

2.5 典型问题

- 某供电公司消防控制室夜间仅安排一名值班人员，不满足"消防控制室应 24h 专人值班，每班不应少于 2 人"工作要求。
- 某供电公司消防控制室未制定火灾事故应急处置流程，值班人员未掌握正确的应急处置程序。

六、动火用电安全管理

1 动火区管理

1.1 评价内容及分值（见表 35）

表 35   评价内容及分值

评分内容	标准分	评价方法	评分标准
按照规程要求划定并明确场所一级动火区和二级动火区	10	查阅相关文件	生产建设区域未明确一级动火区和二级动火区，不得分；一级动火区、二级动火区划分错误或遗漏，每处扣 5~10 分

1.2　条文内容解读

各级单位生产建设区域应按照《电力设备典型消防规程》（DL 5027）和《国家电网公司电力安全工作规程　变电部分》（Q/GDW 1799.1—2013）等要求明确一、二级动火区；非生产场所应根据本单位用火用电安全管理制度，明确动火区划分。

1.3　评价方法及评价重点

资料核查：

查阅各级单位用火用电安全管理制度等相关资料，是否明确划分动火区，是否存在一级、二级动火区划分错误或遗漏的情况。

1.4　检查依据（见表 36）

表 36　　　　　　　　　　　　　检 查 依 据

序号	依据文件	依据重点内容
1	《电力设备典型消防规程》（DL 5027）5.1、修订说明 5.1	（1）火灾危险性很大，发生火灾造成后果很严重的部位、场所或设备应为一级动火区。 （2）一级动火区应包括下列部位、场所、设备：油罐区、锅炉燃油系统、汽轮机油系统、油管道及与油系统相连的汽水管道和设备、油箱，氢气系统及制氢站，锅炉制粉系统，天然气调压站、液化气站，乙炔站，易燃易爆物品储存场所，变压器等注油设备、油处理室，蓄电池室（铅酸）、脱硫吸收塔内与塔外壁、防腐烟道内与烟道外壁、事故浆液箱等防腐箱罐内与箱罐外壁及与吸收塔相通管道，脱硝系统液氨储罐及与其相通管道、液氨储罐防火堤内，风力发电机组机舱内，生物质发电厂秸秆仓库或堆场内，垃圾焚烧发电厂垃圾贮坑底部、渗沥液溢水槽等危险性很大、发生火灾时后果很严重的部位、场所、设备。 （3）二级动火区应包括下列部位、场所、设备：发电机、发电厂燃油码头、与燃油系统能加堵板隔离的汽水管道、油管道支架及支架上的其他管道，输煤系统，电缆、电缆间、电缆通道，换流站阀厅，调度室、控制室、集控室、通信机房、电子设备间、计算机房、档案室，循环水冷却塔，草原光伏电站，脱硫系统其他防腐箱罐，脱硝系统氨区内，风力发电机组塔筒内，生物质秸秆输送系统，垃圾焚烧发电厂堆放垃圾的贮坑内等部位、场所、设备

续表

序号	依据文件	依据重点内容
2	《机关、团体、企业、事业单位消防安全管理规定》（公安部令第 61 号）第十八条	单位应当按照国家有关规定，结合本单位的特点，建立健全各项消防安全制度和保障消防安全的操作规程，并公布执行。 单位消防安全制度主要包括：消防安全教育、培训；防火巡查、检查；安全疏散设施管理；消防（控制室）值班；消防设施、器材维护管理，火灾隐患整改；用火、用电安全管理；易燃易爆危险物品和场所防火防爆；专职和义务消防队的组织管理；灭火和应急疏散预案演练；燃气和电气设备的检查和管理（包括防雷、防静电）；消防安全工作考评和奖惩；其他必要的消防安全内容
3	《国家电网公司电力安全工作规程　变电部分》（Q/GDW 1799.1—2013）附录 Q	一级动火范围：油区和油库围墙内；油管道及与油系统相连的设备，油箱（除此之外的部位列为二级动火区域）；危险品仓库及汽车加油站、液化气站内；变压器等注油设备、蓄电池室（铅酸）；其他需要纳入一级动火管理的部位。 二级动火范围：油管道支架及支架上的其他管道；动火地点有可能火花飞溅落至易燃易爆物体附近；电缆沟道（竖井）内、隧道内、电缆夹层；调度室、控制室、通信机房、电子设备间、计算机房、档案室；其他需要纳入二级动火管理的部位

1.5　典型问题

● 某供电公司发布的动火区台账中将应属于一级动火区域的"变电站变压器等注油设备区域"划分为二级动火区域，动火区划分错误。

2　动火人员资格

2.1　评价内容及分值（见表 37）

表 37　　　　　　　　　　评价内容及分值

评分内容	标准分	评价方法	评分标准
（1）一、二级动火工作票签发人、工作负责人应经考试合格、批准后书面公布；动火工作票签发人应由单位分管领导或总工程师批准，动火工作负责人应由部门（车间）领导批准。	20	查阅人员资格文件、考试试卷、资质证件	（1）签发人、工作负责人名单未发文公布的，不得分；未能提供考试合格记录，每人扣 2 分。

续表

评分内容	标准分	评价方法	评分标准
（2）动火执行人涉及特种作业的须持有政府有关部门颁发的允许电焊与热切割作业的有效证件	20	查阅人员资格文件、考试试卷、资质证件	（2）动火执行人员未持有效证件的，每人扣5分

2.2　条文内容解读

各级单位动火作业人员应按照《电力设备典型消防规程》（DL 5027）、《国家电网公司电力安全工作规程　变电部分》（Q/GDW 1799.1—2013）等要求取得相应资质，一、二级动火工作票签发人、工作负责人应经考试合格、批准后书面公布（动火工作票签发人应由单位分管领导或总工程师批准，动火工作负责人应由部门/车间领导批准），涉及电焊、气焊的人员应取得政府相关部门颁发的允许电焊与热切割作业有效证件，相关信息应在有效期内。

2.3　评价方法及评价重点

资料核查：

（1）查阅各级单位是否以正式文件的形式书面公布一、二级动火工作票签发人、工作负责人名单。

（2）查阅各级单位一、二级动火工作票签发人、工作负责人考试资料，是否考试合格。

（3）查阅各级单位参加电焊、气焊等特种作业的动火执行人员是否持有电焊与热切割作业的有效证件（特种作业操作证查询网站：cx.mem.gov.cn）。

2.4　检查依据（见表38）

表38　　　　　　　　　　检　查　依　据

序号	依据文件	依据重点内容
1	《电力设备典型消防规程》（DL 5027）5.3.12	（1）一、二级动火工作票签发人、工作负责人应进行本规程等制度的培训，并经考试合格。 （2）动火工作票签发人由单位分管领导或总工程师批准，动火工作负责人由部门（车间）领导批准。 （3）动火执行人必须持政府有关部门颁发的允许电焊与热切割作业的有效证件

序号	依据文件	依据重点内容
2	《中华人民共和国消防法》第二十一条	（1）禁止在具有火灾、爆炸危险的场所吸烟、使用明火。因施工等特殊情况需要使用明火作业的，应当按照规定事先办理审批手续，采取相应的消防安全措施。 （2）进行电焊、气焊等具有火灾危险作业的人员和自动消防系统的操作人员，必须持证上岗
3	《国家电网公司电力安全工作规程　变电部分》（Q/GDW 1799.1—2013）	变电站一级动火工作票由申请动火的工区动火工作票签发人签发，工区安监负责人、消防管理负责人审核，工区分管生产的领导或技术负责人（总工程师）批准，必要时还应报当地公安消防部门批准。 变电站二级动火工作票由申请动火的工区动火工作票签发人签发，工区安监人员、消防人员审核，动火工区分管生产的领导或技术负责人（总工程师）批准。 动火工作票经批准后由工作负责人送交运维许可人。 动火工作票签发人不准兼任该项工作的工作负责人。动火工作票由动火工作负责人填写。 动火工作票的审批人、消防监护人不准签发动火工作票。 动火单位到生产区域内动火时，动火工作票由设备运维管理单位（或工区）签发和审批，也可由动火单位和设备运维管理单位（或工区）实行"双签发"

2.5　典型问题

● 某供电公司 2021 年未书面公布本单位一、二级动火工作票签发人、工作负责人人员名单。

● 某供电公司动火工作票中执行动火工作的电焊作业人员经核查未取得电焊与热切割作业证书。

3　动火作业

3.1　评价内容及分值（见表 39）

表 39　　　　　　　　　　评价内容及分值

评分内容	标准分	评价方法	评分标准
（1）单位所有场所动火均应履行审批手续；生产建设区域动火作业应严格履行动火工作流程（现场勘查、工作票、工作许可、工作监护、工作间断、工作终结）。	20	查阅制度文件，近 1 年以来执行的动火工作票或正在执行的动火工作票和现场作业情况	（1）未履行动火审批手续、无票作业，每处扣 5 分；动火作业未履行工作票、工作许可、监护等制度要求，每处扣 3～5 分。

续表

评分内容	标准分	评价方法	评分标准
（2）作业手续、工作票所列防火安全措施应具有针对性	20	查阅制度文件，近1年以来执行的动火工作票或正在执行的动火工作票和现场作业情况	（2）防火安全措施不符合要求，每处扣3～5分；动火工作票票面填写内容不规范的，每处扣3～5分

3.2　条文内容解读

各级单位应严格履行动火作业审批手续，生产建设区域动火作业应严格执行动火工作流程（现场勘查、工作票、工作许可、工作监护、工作间断、工作终结），作业手续、工作票中工作内容、作业人员、安全措施等内容应完备；非生产区域应按照本单位用火用电安全管理制度，办理审批手续。

3.3　评价方法及评价重点

资料核查：

查阅各级单位动火工作票等相关资料，是否按要求履行审批手续；动火工作票中工作票签发人、工作负责人是否取得相应动火作业资格；动火工作票等资料，工作内容、各级人员签字等信息是否正确、规范，防火安全措施是否有针对性。

3.4　检查依据（见表40）

表40　　　　　　　　　　检　查　依　据

序号	依据文件	依据重点内容
1	《电力设备典型消防规程》（DL 5027）5.3.1、5.3.2	（1）动火作业应落实动火安全组织措施，动火安全组织措施应包括动火工作票、工作许可、监护、间断和终结等措施。 （2）在一级动火区进行动火作业必须使用一级动火工作票，在二级动火区进行动火作业必须使用二级动火工作票
2	《机关、团体、企业、事业单位消防安全管理规定》（公安部令第61号）第二十条	单位应当对动用明火实行严格的消防安全管理。禁止在具有火灾、爆炸危险的场所使用明火，因特殊情况需要进行电、气焊等明火作业的，动火部门和人员应当按照单位的用火管理制度办理审批手续，落实现场监护人，在确认无火灾、爆炸危险后方可动火施工

序号	依据文件	依据重点内容
3	《电力设备典型消防规程》（DL 5027）5.4	（1）动火作业应落实动火安全技术措施，动火安全技术措施应包括对管道、设备、容器等的隔离、封堵、拆除、阀门上锁、挂牌、清洗、置换、通风、停电及检测可燃性、易爆气体含量或粉尘浓度等措施。 （2）凡对存有或存放过易燃易爆物品的容器、设备、管道或场所进行动火作业，在动火前应将其与生产系统可靠隔离、封堵或拆除，与生产系统直接相连的阀门应上锁挂牌，并进行清洗、置换，经检测可燃性、易爆气体含量或粉尘浓度合格后，方可动火作业。 （3）动火点与易燃易爆物容器、设备、管道等相连的，应与其可靠隔离、封堵或拆除，与动火点直接相连的阀门应上锁挂牌，检测动火点可燃气体含量应合格。 （4）在易燃易爆物品周围进行动火作业，应保持足够的安全距离，确保通排风良好，使可能泄漏的气体能顺畅排走。 （5）在可能转动或来电的设备上进行动火作业，应事先做好停电、隔离等确保安全的措施。处于运行状态的生产区域或危险区域，凡能拆移的动火部件，应拆移到安全地点动火。 （6）动火前可燃性、易爆气体含量或粉尘浓度检测的时间距动火作业开始时间不应超过 2h。 （7）一级动火作业过程中，应每间隔 2～4h 检测动火现场可燃性、易爆气体含量或粉尘浓度是否合格，当发现不合格或异常升高时应立即停止动火，在未查明原因或排除险情前不得重新动火。 （8）用于检测气体或粉尘浓度的检测仪应在校验有效期内，并在每次使用前与其他同类型检测仪进行比对检查，以确定其处于完好状态。 （9）气体或粉尘浓度检测的部位和所采集的样品应具有代表性，必要时分析的样品应留存到动火结束

3.5 典型问题

- 某供电公司在变压器等注油设备区域（一级动火区）进行焊接工作，错误使用二级动火工作票。
- 某供电公司在二层平台进行动火作业时，未针对高处可能溅落火花对地面区域设置隔离措施，动火作业安全措施制定针对性不足。

4　用电管理

4.1　评价内容及分值（见表 41）

表 41　　　　　　　　　　　评 价 内 容 及 分 值

评分内容	标准分	评价方法	评分标准
（1）不存在违规使用大功率电器现象。 （2）电气线路敷设应采取防火保护措施，不得私拉乱接电线。 （3）配电箱、开关、插座不得安装在可燃材料上。 （4）照明、电热器的高温部位应采用不燃材料隔热措施。 （5）定期组织对用电设施、电气线路安全检查	10	查阅产品说明书、现场用电设备设施	（1）违规使用大功率电器，每处扣 3～5 分。 （2）电气线路无防火措施、私拉乱接，每处扣 1～3 分。 （3）配电箱、开关、插座安装在可燃材料上，每处扣 3～5 分。 （4）用电设备高温部分未采取相关措施，每处扣 5～8 分。 （5）未按照要求组织用电设施、电气线路检查,扣 5～8 分

4.2　条文内容解读

（1）各级单位应按照《建设工程施工现场消防安全技术规范》（GB 50720）、《建筑设计防火规范》（GB 50016）等规范以及本单位用电安全管理制度，规范用电设施、电气线路等设备选用、安装及使用等管理（不得使用明令禁止或已经淘汰的电气设施、设备），落实对应的防灭火措施，定期（一般纳入防火巡查、检查一同开展）开展各类场所用电设施、电气线路安全检查，防范电气火灾事故发生。

（2）电动汽车充电设备应符合《电动汽车非车载充电机技术规范》（Q/GDW 10233.1）要求，充电机应具备对直流输出回路进行短路检测的功能，充电机的短路检测在绝缘检测阶段进行，当直流输出回路出现短路故障时，应停止充电过程并发出告警提示。

4.3　评价方法及评价重点

资料核查：

查阅各级单位防火巡查、检查记录等资料，是否定期对各类场所用电设施、电气线路等进行安全检查。

现场检查：

抽查单位重点场所（办公大楼、调度大厅、信息通信机房等）电气线路布设、配电设施安装、电气设施设备使用等情况，是否按要求采取防火保护措施，是否存在"私拉乱接"、违规使用大功率电器等问题。电动车充电场所是否按要求设置限流式电气防火保护器。

4.4 检查依据（见表 42）

表 42 检 查 依 据

序号	依据文件	依据重点内容
1	《建筑设计防火规范》（GB 50016）10.2.3	（1）配电线路不得穿越通风管道内腔或直接敷设在通风管道外壁上，穿金属导管保护的配电线路可紧贴通风管道外壁敷设。 （2）配电线路敷设在有可燃物的闷顶、吊顶内时，应采取穿金属导管、采用封闭式金属槽盒等防火保护措施
2	《建筑设计防火规范》（GB 50016）10.2.4	（1）开关、插座和照明灯具靠近可燃物时，应采取隔热、散热等防火措施。 （2）卤钨灯和额定功率不小于100W的白炽灯泡的吸顶灯、槽灯、嵌入式灯，其引入线应采用瓷管、矿棉等不燃材料作隔热保护。 （3）额定功率不小于60W的白炽灯、卤钨灯、高压钠灯、金属卤化物灯、荧光高压汞灯（包括电感镇流器）等，不应直接安装在可燃物体上，应采取其他防火措施
3	《建筑设计防火规范》（GB 50016）10.2.5	（1）可燃材料仓库内宜使用低温照明灯具，并应对灯具的发热部件采取隔热等防火措施，不应使用卤钨灯等高温照明灯具。 （2）配电箱及开关应设置在仓库外
4	《中华人民共和国消防法》第二十七条	（1）电器产品、燃气用具的产品标准，应当符合消防安全的要求。 （2）电器产品、燃气用具的安装、使用及其线路、管路的设计、敷设、维护保养、检测，必须符合消防技术标准和管理规定
5	《民用建筑电气设计标准》（GB 51348）13.5.5	储备仓库、电动车充电等场所的末端回路应设置限流式电气防火保护器

4.5　典型问题

- 某供电公司电动车充电场所充电电源采用普通插座，未设置限流式电气防火保护器。
- 某供电公司文化展示墙中照明白炽灯直接安装在木质可燃材料上，未采用不燃材料进行隔热。

七、消防安全宣传教育和培训

1　单位日常教育培训

1.1　评价内容及分值（见表43）

表43　　　　　　　　　　　　评价内容及分值

评分内容	标准分	评价方法	评分标准
（1）单位、工区、班组应将消防教育培训纳入年度培训计划，保障教育培训工作费用。 （2）在岗职工每年至少接受1次消防安全培训，高层公共建筑内的单位应当每半年至少对员工开展1次消防安全教育培训；新进人员、参加生产实习人员和调换生产岗位的人员，应进行上岗前消防安全培训，经考试合格方能上岗。 （3）单位对职工的消防教育培训应包括本单位的火灾危险性、防火灭火措施、消防设施及灭火器材的操作使用方法、人员疏散逃生知识等内容。 （4）消防安全责任人、消防安全管理人、专（兼）职消防管理人员、消防控制室值班操作人员，应当接受消防安全专门培训。 （5）定期或不定期开展形式多样的消防安全宣传教育，每年11月份组织开展消防安全月活动，在重大节假日、重大政治活动或国内外重大火灾事故后，进行有针对性的消防安全宣传教育	40	查阅年度培训计划、培训内容、宣传教育记录；现场访谈交流、调查问卷等	（1）未制定年度培训计划，扣10分。 （2）未按要求开展各类培训，每项扣5分。 （3）消防教育培训内容不齐全，每项扣3~5分。 （4）消防安全相关人员专门培训应培而未培，每人扣3分。 （5）不按上级单位要求开展消防安全月活动等专项消防安全宣传教育活动的，每项扣5分

1.2 条文内容解读

（1）各级单位应制定年度消防安全教育培训计划，将消防安全教育培训纳入本单位年度教育培训计划统一管理，并保障教育培训项目和经费；按要求对消防安全责任人和管理人，专、兼职消防管理人员，所有在岗职工、新进和转岗人员等各类人员进行消防安全教育培训。并按照国家、公司统一部署，开展"119"消防宣传日、消防安全月等专题消防安全宣传教育活动。

（2）各级单位应组织所有在岗职工每年至少进行 1 次消防安全培训（高层公共建筑内的单位应当每半年至少 1 次），新进人员、参加生产实习人员和调换生产岗位的人员应进行上岗前消防安全培训，并经考试合格方能上岗；消防安全责任人、消防安全管理人、专（兼）职消防管理人员、消防控制室值班操作人员应当接受消防安全专门培训。

（3）各级单位日常消防教育培训应包括本单位的火灾危险性、防火灭火措施、消防设施及灭火器材的操作使用方法、人员疏散逃生知识等内容。

1.3 评价方法及评价重点

资料核查：

（1）查阅各级单位年度教育培训计划文件，是否将消防年度培训工作纳入培训计划中，是否每年至少组织开展一次消防安全培训，高层公共建筑内单位是否每半年至少组织开展一次。

（2）查阅各级单位日常培训记录，规定人员是否按要求进行培训并全面覆盖，记录（签到表、培训课件等资料）是否完备。

（3）查阅各级单位开展消防安全宣传工作资料，是否结合"119"消防宣传日、消防安全月等开展专题消防安全宣传教育活动。

人员询问：

现场询问单位员工，是否掌握"四懂四会"等相关知识。

1.4　检查依据（见表 44）

表 44　　　　　　　　　　　　　检　查　依　据

序号	依据文件	依据重点内容
1	《电力设备典型消防规程》（DL 5027）4.3	（1）应当建立健全消防安全教育培训制度，明确机构和人员，保障教育培训工作经费。定期开展形式多样的消防安全宣传教育。对新上岗和进入新岗位的员工进行上岗前消防安全培训，经考试合格方能上岗。对在岗的员工每年至少进行一次消防安全培训。 （2）下列人员应当接受消防安全专门培训：单位的消防安全责任人，消防安全管理人。专、兼职消防管理人员。消防控制室值班人员、消防设施操作人员，应通过消防行业特有工种职业技能鉴定，持有初级技能以上等级的职业资格证书。其他依照规定应当接受消防安全专门培训的人员。 （3）消防安全教育培训的内容主要包括国家消防工作方针、政策，消防法律法规，火灾预防知识，火灾扑救、人员疏散逃生和自救互救知识等。 （4）通过培训应使员工懂基本消防常识、懂本岗位产生火灾的危险源、懂本岗位预防火灾的措施、懂疏散逃生方法；会报火警、会使用灭火器材灭火、会查改火灾隐患、会扑救初起火灾
2	《机关、团体、企业、事业单位消防安全管理规定》（公安部令第 61 号）第三十六条	公众聚集场所对员工的消防安全培训应当至少每半年进行一次，培训的内容还应当包括组织、引导在场群众疏散的知识和技能
3	《社会消防安全教育培训规定》（公安部令第 109 号）第十四条	（1）消防安全重点单位每半年至少组织一次、其他单位每年至少组织一次灭火和应急疏散演练。 （2）单位对职工的消防安全教育培训应当将本单位的火灾危险性、防火灭火措施、消防设施及灭火器材的操作使用方法、人员疏散逃生知识等作为培训的重点
4	《高层民用建筑消防安全管理规定》（应急管理部令第 5 号）第四十一条	（1）高层公共建筑内的单位应当每半年至少对员工开展一次消防安全教育培训。 （2）对消防安全管理人员、消防控制室值班人员和操作人员、电工、保安员等重点岗位人员组织专门培训。 （3）高层住宅建筑的物业服务企业应当每年至少对居住人员进行一次消防安全教育培训，进行一次疏散演练

续表

序号	依据文件	依据重点内容
5	《国家电网有限公司消防安全监督检查工作规范》（Q/GDW 11886）5.6	（1）单位应将消防培训纳入年度培训计划，保障教育培训工作费用。按照下列规定对员工进行培训： 1）在岗职工每年至少接受 1 次消防安全培训。 2）新进人员、参加生产实习人员和调换生产岗位的人员，应进行上岗前消防安全培训，经考试合格方能上岗。 3）消防安全责任人、消防安全管理人、专（兼）职消防管理人员，应接受消防安全专门培训。 （2）定期或不定期开展形式多样的消防安全宣传教育。在重大节假日、重大政治活动或国内外重大火灾事故后，进行有针对性的消防安全宣传教育。 （3）在建工程的施工单位应当在施工前对施工人员进行消防安全教育，在建设工地醒目位置、施工人员集中住宿场所设置消防安全宣传栏，悬挂消防安全挂图和消防安全警示标识，对明火作业人员进行经常性的消防安全教育，组织灭火和应急疏散演练

1.5 典型问题

● 某供电公司 2021 年年度教育培训计划中未将员工消防安全教育培训内容纳入。
● 某供电公司未按要求对新员工进行上岗前消防安全培训，无相关资料留存。

2 建设工程消防安全教育培训

2.1 评价内容及分值（见表 45）

表 45　　　　　　　　　评 价 内 容 及 分 值

评分内容	标准分	评价方法	评分标准
（1）在建工程的施工单位应当在进场前对施工人员进行消防安全教育；施工作业前，应向作业人员进行消防安全技术交底，交底内容应完备。	20	查阅工地现场宣传教育培训记录、交底记录	（1）未进行进场前消防安全教育培训或施工消防安全技术交底扣 10 分；培训或交底内容不齐全扣 3～5 分。

续表

评分内容	标准分	评价方法	评分标准
（2）在建设工地醒目位置、施工人员集中住宿场所设置消防安全宣传栏，悬挂消防安全挂图和消防安全警示标识。 （3）对厨师、焊工等明火作业人员进行经常性的消防安全教育，组织灭火和应急疏散演练	20	查阅工地现场宣传教育培训记录、交底记录	（2）未设置消防宣传栏，悬挂相关标识，每处扣3～5分。 （3）未组织开展消防安全教育或疏散演练，每处扣5～10分

2.2　条文内容解读

在建工程进场前，施工单位应组织对全体施工人员进行消防安全教育培训；对明火作业人员（电气焊工、厨师等）应依托周安全日活动等方式组织消防安全教育培训，按要求参加灭火和应急疏散演练；并在所有建设工地醒目位置、施工人员集中住宿场所应设置消防安全宣传栏，悬挂消防安全挂图和消防安全警示标识。涉及动火作业的，施工单位应在作业前向作业人员进行消防安全技术交底明确火灾风险点、防火安全措施、应急处置等内容，并在工作票（作业票）、三措一案等资料中体现。

2.3　评价方法及评价重点

资料核查：

（1）查阅各级单位在建工程项目相关消防安全教育资料，相关培训是否覆盖所有施工人员，培训记录是否完备，内容是否有针对性。

（2）查阅动火作业资料，是否严格履行安全交底程序，工作票（作业票）、三措一案等资料内容（有关消防安全措施）是否规范、完备。

（3）查阅建设工程现场厨师、焊工等明火作业人员消防安全培训资料。

现场检查：

现场检查建设施工现场，是否在醒目位置、施工人员集中住宿场所设置消防安全宣传栏，并悬挂消防安全挂图和消防安全警示标识等。

2.4 检查依据（见表 46）

表 46   检 查 依 据

序号	依据文件	依据重点内容
1	《建设工程施工现场消防安全技术规范》（GB 50720）6.1.7	施工人员进场时，施工现场的消防安全管理人员应向施工人员进行消防安全教育和培训。消防安全教育和培训应包括下列内容： （1）施工现场消防安全管理制度、防火技术方案、灭火及应急疏散预案的主要内容。 （2）施工现场临时消防设施的性能及使用、维护方法。 （3）扑灭初起火灾及自救逃生的知识和技能。 （4）报警、接警的程序和方法
2	《建设工程施工现场消防安全技术规范》（GB 50720）6.1.8	施工作业前，施工现场的施工管理人员应向作业人员进行消防安全技术交底。消防安全技术交底应包括下列主要内容： （1）施工过程中可能发生火灾的部位或环节。 （2）施工过程应采取的防火措施及应配备的临时消防设施。 （3）初起火灾的扑救方法及注意事项。 （4）逃生方法及路线
3	《社会消防安全教育培训规定》第二十四条	在建工程的施工单位应当开展下列消防安全教育工作： （1）建设工程施工前应当对施工人员进行消防安全教育。 （2）在建设工地醒目位置、施工人员集中住宿场所设置消防安全宣传栏，悬挂消防安全挂图和消防安全警示标识。 （3）对明火作业人员进行经常性的消防安全教育。 （4）组织灭火和应急疏散演练。 在建工程的建设单位应当配合施工单位做好上述消防安全教育工作

2.5 典型问题

● 某供电公司新建 220kV 变电站施工现场，12 名作业人员未进行入场前消防安全教育培训。

八、安全疏散设施管理

1.1 评价内容及分值（见表 47）

表 47 评价内容及分值

评分内容	标准分	评价方法	评分标准
（1）按照相关法规要求，严格对消防车通道沿途实行标志和标线标识管理。 （2）消防通道、安全出口应保持畅通，常闭式防火门应保持关闭状态，灭火器材设施无遮挡、未被挪作他用，建筑外窗、疏散通道无影响疏散逃生的广告牌、铁栅栏等障碍物	20	查看现场、调阅视频	（1）消防车道未实施标志和标识标线管理或标识标线不规范，扣 5～10 分。 （2）消防车道、疏散通道不畅通，防火门应闭未闭，灭火器材遮挡或挪用等，每发现一处扣 3～5 分

1.2 条文内容解读

各级单位应按照《中华人民共和国消防法》和《建筑设计防火规范》（GB 50016）要求，对消防车通道实行标志和标线标识管理，确保建筑物的消防通道、安全出口畅通，防火门开闭状态正确，建筑外窗、疏散通道无影响疏散逃生的障碍物。

1.3 评价方法及评价重点

现场检查：

（1）现场检查重点单位，如办公场所、特高压（换流）站、员工宿舍楼、教育培训中心、宾馆酒店、施工现场等，是否设置消防车通道，消防车通道是否设置明显的标志和标线标识并符合规范要求，是否保持畅通。

（2）现场检查单位相关场所安全出口、建筑外窗、疏散通道，是否保持畅通，防火门开闭状态是否正确。

1.4 检查依据（见表48）

表48 **检 查 依 据**

序号	依据文件	依据重点内容
1	《中华人民共和国消防法》第十六条（二）（三）（四）（五）	机关、团体、企业、事业等单位应当履行下列消防安全职责： （1）按照国家标准、行业标准配置消防设施、器材，设置消防安全标志，并定期组织检验、维修，确保完好有效。 （2）对建筑消防设施每年至少进行一次全面检测，确保完好有效，检测记录应当完整准确，存档备查。 （3）保障疏散通道、安全出口、消防车通道畅通，保证防火防烟分区、防火间距符合消防技术标准。 （4）组织防火检查，及时消除火灾隐患
2	《建筑设计防火规范》（GB 50016）6.4.1、6.4.2	疏散楼梯间应符合下列规定： （1）楼梯间应能天然采光和自然通风，并宜靠外墙设置。靠外墙设置时，楼梯间、前室及合用前室外墙上的窗口与两侧门、窗、洞口最近边缘的水平距离不应小于1.0m。 （2）楼梯间内不应设置烧水间、可燃材料储藏室、垃圾道。 （3）楼梯间内不应有影响疏散的凸出物或其他障碍物。 （4）封闭楼梯间、防烟楼梯间及其前室，不应设置卷帘。 （5）楼梯间内不应设置甲、乙、丙类液体管道。 （6）封闭楼梯间、防烟楼梯间及其前室内禁止穿过或设置可燃气体管道。敞开楼梯间内不应设置可燃气体管道，当住宅建筑的敞开楼梯间内确需设置可燃气体管道和可燃气体计量表时，应采用金属管，并设置切断气源的阀门。 封闭楼梯间除应符合疏散楼梯间的规定外，尚应符合下列规定： （1）不能自然通风或自然通风不能满足要求时，应设置机械加压送风系统或采用防烟楼梯间。 （2）除楼梯间的出入口和外窗外，楼梯间的墙上不应开设其他门、窗、洞口。 （3）高层建筑、人员密集的公共建筑、人员密集的多层丙类厂房、甲、乙类厂房，其封闭楼梯间的门应采用乙级防火门，并应向疏散方向开启；其他建筑，可采用双向弹簧门。 （4）楼梯间的首层可将走道和门厅等包括在楼梯间内形成扩大的封闭楼梯间，但应采用乙级防火门等与其他走道和房间分隔
3	《建筑设计防火规范》GB 50016 6.5.1	防火门的设置应符合下列规定： （1）设置在建筑内经常有人通行处的防火门宜采用常开防火门。常开防火门应能在火灾时自行关闭，并应具有信号反馈的功能。

序号	依据文件	依据重点内容
3	《建筑设计防火规范》GB 50016 6.5.1	（2）除允许设置常开防火门的位置外，其他位置的防火门均应采用常闭防火门。常闭防火门应在其明显位置设置"保持防火门关闭"等提示标识。 （3）除管井检修门和住宅的户门外，防火门应具有自行关闭功能。双扇防火门应具有按顺序自行关闭的功能。 （4）除本规范 6.4.11 第 4 款的规定外，防火门应能在其内外两侧手动开启。 （5）设置在建筑变形缝附近时，防火门应设置在楼层较多的一侧，并应保证防火门开启时门扇不跨越变形缝。 （6）防火门关闭后应具有防烟性能。 （7）甲、乙、丙级防火门应符合《防火门》（GB 12955）的规定
4	《消防救援局关于进一步明确消防车通道管理若干措施的通知》（应急消 334 号）第一条	（1）在消防车通道路侧缘石立面和顶面应当施划黄色禁止停车标线；无缘石的道路应当在路面上施划禁止停车标线，标线为黄色单实线，距路面边缘 30cm，线宽 15cm。 （2）消防车通道沿途每隔 20m 距离在路面中央施划黄色方框线，在方框内沿行车方向标注内容为"消防车道　禁止占用"的警示字样。 （3）在单位或者住宅区的消防车通道出入口路面，按照消防车通道净宽施划禁停标线，标线为黄色网状实线，外边框线宽 20cm，内部网格线宽 10cm，内部网格线与外边框夹角 45°，标线中央位置沿行车方向标注内容为"消防车道　禁止占用"的警示字样。 （4）消防车通道两侧应设置醒目的警示标牌，提示严禁占用消防车道，违者将承担相应法律责任等内容
5	《建设工程施工现场消防安全技术规范》（GB 50720）3.3.1、3.3.2、3.3.4	（1）施工现场内应设置临时消防车道，临时消防车道与在建工程、临时用房、可燃材料堆场及其加工场的距离不宜小于 5m，且不宜大于 40m；施工现场周边道路满足消防车通行及灭火救援要求时，施工现场内可不设置临时消防车道。 （2）临时消防车道的设置应符合下列规定： 1）临时消防车道宜为环形，设置环形车道确有困难时，应在消防车道尽端设置尺寸不小于 12m×12m 的回车场。 2）临时消防车道的净宽度和净空高度均不应小于 4m。 3）临时消防车道的右侧应设置消防车行进路线指示标识。 4）临时消防车道路基、路面及其下部设施能承受消防车通行压力及工作荷载。 （3）临时消防救援场地的设置应符合下列规定： 1）临时消防救援场地应在在建工程装饰装修阶段设置。 2）临时消防救援场地应设置在成组布置的临时用房场地的长边一侧及在建工程的长边一侧。 3）临时救援场地宽度应满足消防车正常操作要求，且不应小于 6m，与在建工程外脚手架的净距不宜小于 2m，且不宜超过 6m

1.5 典型问题

● 某供电公司应急疏散通道堆放杂物。不符合《建筑设计防火规范》(GB 50016)
  6.4.1 条款中"楼梯间内不应有影响疏散的凸出物或其他障碍物"要求。
● 某供电公司大楼一侧的消防车通道被车辆堵塞。

九、消防安全应急和档案管理

1 灭火和应急疏散预案及演练

1.1 评价内容及分值（见表 49）

表 49　　　　　　　　　　　评 价 内 容 及 分 值

评分内容	标准分	评价方法	评分标准
（1）制定发布单位（省、市、县）灭火和应急疏散预案及现场处置方案；灭火和应急疏散预案（现场处置方案）应包括发电厂厂房、车间、变电站、换流站、调度楼、控制楼、油罐区等消防安全重点部位和场所，内容应包括：单位的基本情况、应急组织机构、火情预想、报警和接警处置程序、扑救初期火灾的程序和措施、应急疏散的组织程序和措施、通信联络、安全防护救护的程序和措施、灭火和应急疏散计划图、注意事项等；（物资仓库、信息机房、应急指挥中心、应急仓储点纳入重点部位）。（2）应急预案、现场处置方案应定期进行评估和修订。（3）单位应定期组织开展预案培训和演练。消防重点单位每半年进行一次灭火和应急疏散演练，其他单位每年一次	20	查阅火灾专项应急预案、预案培训记录、演练方案、演练记录、评估报告、修订记录等	（1）未制定预案（处置方案）或未经审批不得分；内容不齐全、操作性不强，每项扣 5～10 分。（2）未及时组织开展预案（处置方案）评估，每处扣3～5 分；未及时组织开展修订，每处扣 5～10 分。（3）未组织开展预案培训宣贯扣 10 分；培训内容不齐全、覆盖率不足，扣5～10 分；演练频次不足的，每少一次扣 5 分

1.2　条文内容解读

各级单位应按照国家法律法规要求及《国家电网有限公司应急预案管理办法》[国网（安监/3）484]等文件要求，结合本单位实际，制定灭火和应急疏散预案及现场处置方案，应定期进行评估和修订，定期组织开展灭火和应急疏散演练（消防安全重点单位每半年进行一次演练，其他单位每年进行一次）。

1.3　评价方法及评价重点

资料核查：

查阅各级单位灭火和应急疏散预案及现场处置方案相关资料，内容是否完善、符合实际，是否定期进行评估和修订；灭火和应急疏散演练记录，是否定期开展演练。

1.4　检查依据（见表 50）

表 50　　　　　　　　　　检 查 依 据

序号	依据文件	依据重点内容
1	《电力设备典型消防规程》（DL 5027）4.4.1	单位应制定灭火和应急疏散预案，灭火和应急疏散预案应包括发电厂厂房、车间、变电站、换流站、调度楼、控制楼、油罐区等重点部位和场所
2	《电力设备典型消防规程》（DL 5027）4.4.2	灭火和应急疏散预案应切合本单位实际，符合有关规范要求
3	《电力设备典型消防规程》（DL 5027）4.4.3	应当按照灭火和应急疏散预案，至少每半年进行一次演练，及时总结经验，不断完善预案；消防演练时，应当设置明显标识并事先告知演练范围内的人员
4	《机关、团体、企业、事业单位消防安全管理规定》（公安部令第 61 号）第四十条	消防安全重点单位应当按照灭火和应急疏散预案，至少每半年进行一次演练，并结合实际，不断完善预案。其他单位应当结合本单位实际，参照制定相应的应急方案，至少每年组织一次演练

1.5　典型问题

● 某供电公司作为消防安全重点单位，2021 年仅组织开展了一次灭火和应急疏散演练。不符合《机关、团体、企业、事业单位消防安全管理规定》（公安部令第

61号）第四十条"消防安全重点单位应当按照灭火和应急疏散预案，至少每半年进行一次演练"的规定。

2 志愿（专职）消防队和微型消防站建设

2.1 评价内容及分值（见表51）

表51　　　　　　　　　　　　　　评价内容及分值

评分内容	标准分	评价方法	评分标准
（1）单位应依规建立志愿（专职）消防队或微型消防站，按照规定配置相应的灭火器材、设备设施。 （2）志愿（专职）消防队或微型消防站应加强日常管理，落实相关规章制度，包括岗位职责、器材配置标准、人员组织、执勤、培训、演练、训练、设备设施维护保养、值守联动、考核评价等	10	查阅制度文件、岗位设置、装备配备、培训练记录、人员询问等	（1）未按照要求建立志愿（专职）消防队或微型消防站，不得分；未按照规定配置相应的灭火器材或设备设施，每项扣2～5分。 （2）相关制度未严格落实，每处扣2～5分；相关人员消防业务不熟练，每处扣2～5分

2.2 条文内容解读

（1）消防重点单位应设有消防控制室，依托单位志愿消防队伍，配备必要的消防器材，建立重点单位微型消防站。

（2）相关单位应加强志愿（专职）消防队和微型消防站管理，建立健全微型消防站管理制度（日常管理、岗位职责、人员培训、设施维护保养、值守联动、考核评价等），配置相应的志愿（专职）消防员（至少6人，设置站长、副站长、消防员、控制室值班员等岗位）、灭火器材（灭火器、水枪、水带等）、通信设施（外线电话、手持对讲机等），并建立人员、设备档案台账。

（3）各级单位应根据工作实际，定期组织志愿（专职）消防员、专职消防队员开展消防安全技能（扑救初起火灾业务技能、防火巡查基本知识等）培训。

2.3 评价方法及评价重点

资料核查：

查阅相关单位消防档案资料，是否按要求建立志愿（专职）消防队或微型消防站，日常管理制度是否健全，岗位人员设置是否完善，装备配置是否充足，培训是否到位。

现场检查：

现场核查微型消防站配置，检查微型消防站是否配置灭火器、水枪、水带等灭火器材和外线电话、手持对讲机等通信器材。

人员询问：

现场询问志愿（专职）消防队或微型消防站人员，是否熟悉建筑消防设施情况和灭火应急预案，熟练掌握器材性能和操作使用方法并落实器材维护保养，参加日常防火巡查和消防宣传教育。

2.4　检查依据（见表 52）

表 52　　　　　　　　　　　　　检　查　依　据

序号	依据文件	依据重点内容
1	《消防安全重点单位微型消防站建设标准（试行）》（公消 301 号）第二条、第三条	（1）除按照消防法规须建立专职消防队的重点单位外，其他设有消防控制室的重点单位，依托单位志愿消防队伍，配备必要的消防器材，建立重点单位微型消防站。 （2）人员配备： 1）微型消防站人员配备不少于 6 人。 2）微型消防站应设站长、副站长、消防员、控制室值班员等岗位，配有消防车辆的微型消防站应设驾驶员岗位。 3）站长应由单位消防安全管理人兼任，消防员负责防火巡查和初起火灾扑救工作。 4）微型消防站人员应当接受岗前培训；培训内容包括扑救初起火灾业务技能、防火巡查基本知识等。 （3）站房器材： 1）微型消防站应设置人员值守、器材存放等用房，可与消防控制室合用。 2）微型消防站应根据扑救初起火灾需要，配备一定数量的灭火器、水枪、水带等灭火器材；配置外线电话、手持对讲机等通信器材。 3）微型消防站应在建筑物内部和避难层设置消防器材存放点

2.5　典型问题

- 某供电公司微型消防站只配备了 3 名志愿消防员，且没有明确人员岗位职责。

不满足《消防安全重点单位微型消防站建设标准（试行）》（公消 301 号）第二条"微型消防站人员配备不少于 6 人。微型消防站应设站长、副站长、消防员、控制室值班员等岗位"的规定。

3 消防档案

3.1 评价内容及分值（见表 53）

表 53   评 价 内 容 及 分 值

评分内容	标准分	评价方法	评分标准
（1）消防安全重点单位应建立消防档案，内容应包括消防安全基本情况和消防安全管理情况并根据情况变化及时更新；消防档案应统一保管、备查。 （2）非消防安全重点单位应当将本单位的基本概况、公安消防机构填发的各种法律文书、与消防工作有关的材料和记录等统一保管备查。 （3）建筑消防设施的原始技术资料应长期保存；消防控制室内应保存相关纸质和电子档案资料并定期归档	10	查阅档案资料	（1）消防安全重点单位未建立消防档案不得分；未统一保管或缺失，每项扣 2～5 分；档案内容不齐全或未及时更新，每处扣 2～5 分。 （2）非消防安全重点单位消防资料不齐全或未统一保管，每处扣 2～5 分。 （3）消防设施原始技术资料或消控室档案资料缺少，每处扣 2～5 分

3.2 条文内容解读

消防安全重点单位应按照《机关、团体、企业、事业单位消防安全管理规定》（公安部令第 61 号）、《国家电网有限公司消防安全监督管理办法》[国网（安监/3）1018] 规定建立消防档案，消防档案内容应包括消防安全基本情况和消防安全管理情况，并满足当地政府部门要求，消防档案应统一保管、备查；涉及消防控制室保存资料（建筑消防设施基本情况和动态管理情况），应及时更新做好归档。其他单位可参照重点单位消防档案格式进行本单位消防资料编制、整理。

3.3 评价方法及评价重点

资料核查：

查阅各级单位消防档案，相关记录是否完善、符合实际，主要有：是否包括消防安全基本情况和消防安全管理情况，内容是否完善；消防设施定期检查记录、自动消防设施全面检查测试的报告以及维修保养的记录、火灾隐患及其整改情况记录、防火检查巡查记录、有关燃气和电气设备检测（包括防雷、防静电）等记录是否明确了检查的人员、时间、部位、内容、发现的火灾隐患以及处理措施等相关信息；消防安全培训记录是否填写培训的时间、参加人员、培训内容等相关信息；灭火和应急疏散预案的演练记录是否明确了演练的时间、地点、内容、参加部门以及人员等相关信息。

3.4 检查依据（见表54）

表 54 检 查 依 据

序号	依据文件	依据重点内容
1	《机关、团体、企业、事业单位消防安全管理规定》（公安部令第61号）第八章	（1）应建立健全消防档案管理制度。 （2）消防档案应当包括消防安全基本情况和消防安全管理情况。 （3）消防档案应当详实，全面反映单位消防工作的基本情况，并附有必要的图表，根据情况变化及时更新。 （4）单位应对消防档案统一保管
2	《机关、团体、企业、事业单位消防安全管理规定》（公安部令第61号）第四十二条	消防安全基本情况应当包括以下内容： （1）单位基本概况和消防安全重点部位情况。 （2）建筑物或者场所施工、使用或者开业前的消防设计审核、消防验收以及消防安全检查的文件、资料。 （3）消防管理组织机构和各级消防安全责任人。 （4）消防安全制度。 （5）消防设施、灭火器材情况。 （6）专职消防队、义务消防队人员及其消防装备配备情况。 （7）与消防安全有关的重点工种人员情况。 （8）新增消防产品、防火材料的合格证明材料。 （9）灭火和应急疏散预案

序号	依据文件	依据重点内容
3	《机关、团体、企业、事业单位消防安全管理规定》（公安部令第 61 号）第四十三条	消防安全管理情况应当包括以下内容： （1）公安消防机构填发的各种法律文书。 （2）消防设施定期检查记录、自动消防设施全面检查测试的报告以及维修保养的记录。 （3）火灾隐患及其整改情况记录。 （4）防火检查、巡查记录。 （5）有关燃气、电气设备检测（包括防雷、防静电）等记录资料。 （6）消防安全培训记录。 （7）灭火和应急疏散预案的演练记录。 （8）火灾情况记录。 （9）消防奖惩情况记录。 前款规定中的第（2）～（5）项记录，应当记明检查的人员、时间、部位、内容、发现的火灾隐患以及处理措施等；第（6）项记录，应当记明培训的时间、参加人员、内容等；第（7）项记录，应当记明演练的时间、地点、内容、参加部门以及人员等
4	《建筑消防设施的维护管理》（GB 25201）10.1	（1）建筑消防设施档案应包含建筑消防设施基本情况和动态管理情况。 （2）基本情况包括建筑消防设施的验收文件和产品、系统使用说明书、系统调试记录、建筑消防设施平面布置图、建筑消防设施系统图等原始技术资料。 （3）动态管理情况包括建筑消防设施的值班记录、巡查记录、检测记录、故障维修记录以及维护保养计划表、维护保养记录、自动消防控制室值班人员基本情况档案及培训记录
5	《人员密集场所消防安全管理》（GB/T 40248）7.12.3	消防安全基本情况应包括下列内容： （1）建筑的基本概况和消防安全重点部位。 （2）所在建筑消防设计审查、消防验收或消防设计、消防验收备案以及场所投入使用、营业前消防安全检查的相关资料。 （3）消防组织和各级消防安全责任人。 （4）微型消防站设置及人员、消防装备配备情况。 （5）相关租赁合同。 （6）消防安全管理制度和保证消防安全的操作规程，灭火和应急疏散预案。 （7）消防设施、灭火器材配置情况。 （8）专职消防队、志愿消防队人员及其消防装备配备情况。 （9）消防安全管理人、自动消防设施操作人员、电气焊工、电工、易燃易爆危险品操作人员的基本情况。 （10）新增消防产品质量合格证，新增建筑材料和室内装修、装饰材料的防火性能证明文件

续表

序号	依据文件	依据重点内容
6	《人员密集场所消防安全管理》(GB/T 40248) 7.12.4	消防安全管理情况应包括下列内容： (1) 消防安全例会记录或会议纪要、决定。 (2) 消防救援机构填发的各种法律文书。 (3) 消防设施定期检查记录、自动消防设施全面检查测试的报告、维修保养的记录以及委托检测和维修保养的合同。 (4) 火灾隐患、重大火灾隐患及其整改情况记录。 (5) 消防控制室值班记录。 (6) 防火检查、巡查记录。 (7) 有关燃气、电气设备检测、动火审批等记录资料。 (8) 消防安全培训记录。 (9) 灭火和应急疏散预案的演练记录。 (10) 各级和各部门消防安全责任人的消防安全承诺书。 (11) 火灾情况记录。 (12) 消防奖惩情况记录
7	《国网设备部关于印发变电站消防设施运维管理规范（试行）的通知》(设备变电〔2019〕29号) 3.4	变电站应保存下列纸质和电子档案资料： (1) 竣工后的总平面布局图、消防设施平面布置图、消防设施系统图及安全出口布置图重点部位位置图等。 (2) 消防安全管理规章制度、应急灭火预案、应急疏散预案。 (3) 消防安全组织结构图，包括消防安全责任人、管理人、专职、义务消防人员等内容。 (4) 消防安全培训记录、灭火和应急疏散预案的演练记录。 (5) 值班情况、消防安全检查情况及巡查情况的记录。 (6) 消防设施一览表，包括消防设施的类型、数量、状态等内容。 (7) 消防系统控制逻辑关系说明、设备使用说明书、系统操作规程、系统和设备维护保养制度等。 (8) 设备运行状况、接报警记录、火灾处理情况、设备检修检测报告等资料，这些资料应能定期保存和归档

3.5　典型问题

- 某供电公司消防档案中缺少 2021 年度消防设施维修检测记录。
- 某供电公司主要负责人调整后，消防档案对应内容未及时更新，导致消防安全责任人与实际任职人员不一致。

十、建筑消防合法性

1 建筑消防验收、备案

1.1 评价内容及分值（见表 55 ）

表 55   评 价 内 容 及 分 值

评分内容	标准分	评价方法	评分标准
（1）依法需要进行消防验收、竣工验收消防备案的建筑物或场所投入使用前应取得相应验收合格文件、备案手续或抽查合格文件。 （2）公众聚集场所使用营业前应依法通过消防安全检查或履行消防安全承诺	30	查阅消防设计审查、验收文件或备案凭证等	（1）建设工程（包括新建、扩建、改建、装修等）、公众聚集场所投运前未依法取得相关消防验收（备案）、安全检查合格文件，不得分。 （2）公众聚集场所使用营业前未通过消防安全检查或履行消防安全承诺，不得分

1.2 条文内容解读

各级单位的建设工程（在中华人民共和国境内从事各类房屋建筑及其附属设施的建造、装修装饰和与其配套的线路、管道、设备的安装，以及城镇市政基础设施工程的施工）应按照《中华人民共和国消防法》《建设工程消防设计审查验收管理暂行规定》等法律法规要求，结合本区域住建部门相关规定，对涉及的特殊建设工程［参考《建设工程消防设计审查验收管理暂行规定》（建设部令〔2020〕第 51号）］依法依规申请消防验收；对涉及的其他建设工程，建设单位在验收后应当报住房和城乡建设主管部门备案。

1998 年 9 月 1 日起正式实施的《中华人民共和国消防法》中明确了建筑物消防审批、验收、备案要求，在此日期前投入使用的建筑物可参照当地政府相关要求执行。

1.3 评价方法及评价重点

资料核查：

（1）查阅各级单位生产、经营、办公、后勤等场所或建筑验收、审查、备案文件资料，是否依法依规取得相关手续。

（2）查阅各级单位涉及的公众聚集场所是否通过消防安全检查或履行消防安全承诺，并取得验收合格手续。

1.4 检查依据（见表 56）

表 56 检 查 依 据

序号	依据文件	依据重点内容
1	《中华人民共和国消防法》第九条、第十条	建设工程的消防设计、施工必须符合国家工程建设消防技术标准。建设、设计、施工、工程监理等单位依法对建设工程的消防设计、施工质量负责。 对按照国家工程建设消防技术标准需要进行消防设计的建设工程，实行建设工程消防设计审查验收制度
2	《中华人民共和国消防法》第十一条	（1）国务院住房和城乡建设主管部门规定的特殊建设工程，建设单位应当将消防设计文件报送住房和城乡建设主管部门审查，住房和城乡建设主管部门依法对审查的结果负责。 （2）前款规定以外的其他建设工程，建设单位申请领取施工许可证或者申请批准开工报告时应当提供满足施工需要的消防设计图纸及技术资料
3	《中华人民共和国消防法》第十三条	（1）国务院住房和城乡建设主管部门规定应当申请消防验收的建设工程竣工，建设单位应当向住房和城乡建设主管部门申请消防验收。 （2）前款规定以外的其他建设工程，建设单位在验收后应当报住房和城乡建设主管部门备案，住房和城乡建设主管部门应当进行抽查。 （3）依法应当进行消防验收的建设工程，未经消防验收或者消防验收不合格的，禁止投入使用。 （4）其他建设工程经依法抽查不合格的，应当停止使用
4	《建设工程消防设计审查验收管理暂行规定》（住建部令第51号）第二十六条、第二十七条	（1）对特殊建设工程实行消防验收制度。特殊建设工程竣工验收后，建设单位应当向消防设计审查验收主管部门申请消防验收；未经消防验收或者消防验收不合格的，禁止投入使用。

序号	依据文件	依据重点内容
4	《建设工程消防设计审查验收管理暂行规定》（住建部令第51号）第二十六条、第二十七条	（2）建设单位组织竣工验收时，应当对建设工程是否符合下列要求进行查验：完成工程消防设计和合同约定的消防各项内容；有完整的工程消防技术档案和施工管理资料（含涉及消防的建筑材料、建筑构配件和设备的进场试验报告）；建设单位对工程涉及消防的各分部分项工程验收合格；施工、设计、工程监理、技术服务等单位确认工程消防质量符合有关标准；消防设施性能、系统功能联调联试等内容检测合格。 （3）经查验不符合前款规定的建设工程，建设单位不得编制工程竣工验收报告
5	《建设工程消防设计审查验收管理暂行规定》（住建部令第51号）第十四条	具有下列情形之一的建设工程是特殊工程： （1）总建筑面积大于 20000m² 的体育场馆、会堂，公共展览馆、博物馆的展示厅。 （2）总建筑面积大于 15000m² 的民用机场航站楼、客运车站候车室、客运码头候船厅。 （3）总建筑面积大于10000m² 的宾馆、饭店、商场、市场。 （4）总建筑面积大于2500m² 的影剧院，公共图书馆的阅览室，营业性室内健身、休闲场馆，医院的门诊楼，大学的教学楼、图书馆、食堂，劳动密集型企业的生产加工车间，寺庙、教堂。 （5）总建筑面积大于1000m² 的托儿所、幼儿园的儿童用房，儿童游乐厅等室内儿童活动场所，养老院、福利院，医院、疗养院的病房楼，中小学校的教学楼、图书馆、食堂，学校的集体宿舍，劳动密集型企业的员工集体宿舍。 （6）总建筑面积大于 500m² 的歌舞厅、录像厅、放映厅、卡拉 OK 厅、夜总会、游艺厅、桑拿浴室、网吧、酒吧，具有娱乐功能的餐馆、茶馆、咖啡厅。 （7）国家工程建设消防技术标准规定的一类高层住宅建筑。 （8）城市轨道交通、隧道工程，大型发电、变配电工程。 （9）生产、储存、装卸易燃易爆危险物品的工厂、仓库和专用车站、码头，易燃易爆气体和液体的充装站、供应站、调压站。 （10）国家机关办公楼、电力调度楼、电信楼、邮政楼、防灾指挥调度楼、广播电视楼、档案楼。 （11）设有本条第（1）项～第（6）项所列情形的建设工程。 （12）本条第（10）项、第（11）项规定以外的单体建筑面积大于40000m² 或者建筑高度超过 50m 的公共建筑

续表

序号	依据文件	依据重点内容
6	《建筑工程施工许可管理办法》（住房和城乡建设部令第18号）第二条	（1）在中华人民共和国境内从事各类房屋建筑及其附属设施的建造、装修装饰和与其配套的线路、管道、设备的安装，以及城镇市政基础设施工程的施工，建设单位在开工前应当依照本办法的规定，向工程所在地的县级以上地方人民政府住房城乡建设主管部门（简称发证机关）申请领取施工许可证。 （2）工程投资额在30万元以下或者建筑面积在300m²以下的建筑工程，可以不申请办理施工许可证

1.5　典型问题

● 某省电力公司2020年新建1000kV变电站投运前未取得消防验收合格手续。

● 某省电力公司产业单位下属的某酒店建筑面积大于10000m²，营业前未依法通过住建部门的消防验收。

2　消防产品选型

2.1　评价内容及分值（见表57）

表57　　　　　　　　　　　　评 价 内 容 及 分 值

评分内容	标准分	评价方法	评分标准
消防产品必须符合国家或行业标准，严禁使用不合格的消防产品以及国家明令淘汰的消防产品	30	查阅消防产品强制性认证证书、试验报告或其他合格证明材料等	消防产品、建筑材料、建筑构配件和设备不合格或不满足防火性能，每发现一项扣5～10分

2.2　条文内容解读

各级单位所属各类场所选用的消防产品（灭火器、应急照明灯、消火栓等）、建筑材料（吊顶、外保温材料、地毯）等应该符合《中华人民共和国消防法》和《电力设备典型消防规程》（DL 5027）等法律法规范要求，严禁使用不合格的消防产品以及国家明令淘汰的消防产品。

2.3 评价方法及评价重点

资料核查：

查阅各级单位所属相关场所消防产品、建筑材料的有关资料（出厂检验报告、合格证等），是否符合国家或行业标准。

2.4 检查依据（见表58）

表58 检 查 依 据

序号	依据文件	依据重点内容
1	《中华人民共和国消防法》第二十四条	（1）消防产品必须符合国家标准；没有国家标准的，必须符合行业标准。禁止生产、销售或者使用不合格的消防产品以及国家明令淘汰的消防产品。 （2）依法实行强制性产品认证的消防产品，由具有法定资质的认证机构按照国家标准、行业标准的强制性要求认证合格后，方可生产、销售、使用。实行强制性产品认证的消防产品目录，由国务院产品质量监督部门会同国务院应急管理部门制定并公布。 （3）新研制的尚未制定国家标准、行业标准的消防产品，应当按照国务院产品质量监督部门会同国务院应急管理部门规定的办法，经技术鉴定符合消防安全要求的，方可生产、销售、使用。 （4）依照本条规定经强制性产品认证合格或者技术鉴定合格的消防产品，国务院应急管理部门消防机构应当予以公布
2	《电力设备典型消防规程》（DL 5027）6.1.1	按照国家工程建设消防标准需要进行消防设计的新建、扩建、改建（含室内外装修、建筑保温、用途变更）工程，建设单位应当依法申请建设工程消防设计审核、消防验收、依法办理消防设计和竣工验收消防备案手续并接受抽查
3	《电力设备典型消防规程》（DL 5027）6.1.8	建筑构件、材料和室内装修、装饰材料的防火性能必须符合有关标准的要求

2.5　典型问题

● 某供电公司办公楼使用的灭火器无合格证。

3　建筑消防工程"三同时"

3.1　评价内容及分值（见表59）

表59　　　　　　　　评 价 内 容 及 分 值

评分内容	标准分	评价方法	评分标准
新建、扩建和改建工程或项目，需要设置消防设施的，消防设施与主体工程或项目应同时设计、同时施工、同时投入生产或使用	20	检查消防设计、验收文件以及工程项目投产情况等	消防工程验收（备案）、安全检查或安全承诺通过前，投入使用的不得分；消防工程未与主体工程同时设计、施工的，每处扣5～10分

3.2　条文内容解读

各级单位所有新建、扩建和改建工程或项目需要设置消防设施的，消防设施与主体工程或项目应同时设计、同时施工、同时投入生产或使用。

3.3　评价方法及评价重点

资料核查：

查阅相关新建、扩建和改建工程或需要设置消防设施的项目资料，检查消防设施"三同时"的落实情况。

现场核查：

现场核查已验收投运的工程，核实消防设施投入生产使用情况。

3.4 检查依据（见表 60）

<table>
<tr><td colspan="3">表 60   检 查 依 据</td></tr>
<tr><td>序号</td><td>依据文件</td><td>依据重点内容</td></tr>
<tr><td>1</td><td>《电力设备典型消防规程》（DL 5027）6.3.4</td><td>新建、扩建和改建工程或项目，需要设置消防设施的，消防设施与主体设备或项目应同时设计、同时施工、同时投入生产或使用，并通过消防验收</td></tr>
</table>

3.5 典型问题

- 某供电公司新建 220kV 变电站的主变压器固定灭火设施未与变电站同时投入使用，不符合"三同时"要求。

十一、建筑使用情况

1.1 评价内容及分值（见表 61）

<table>
<tr><td colspan="4">表 61   评 价 内 容 及 分 值</td></tr>
<tr><td>评分内容</td><td>标准分</td><td>评价方法</td><td>评分标准</td></tr>
<tr><td>（1）建筑物或场所的使用功能、用途应与消防验收（备案）、消防安全承诺、营业使用前消防安全检查时确定的用途一致。
（2）建筑物改建、扩建、变更用途和装修，应依法履行消防安全管理手续</td><td>60</td><td>检查消防设计文件、消防安全检查情况以及现场</td><td>（1）擅自改变使用功能或用途，每发现一处扣5～10分。
（2）建筑物改建、扩建、变更用途和装修，未依法履行消防安全管理手续，每发现一处扣5～10分</td></tr>
</table>

1.2 条文内容解读

各级单位所有建筑物使用功能、用途应与向当地相关主管部门（2019 年 9 月 1 日《中华人民共和国消防法》（2019 年修订版）正式实施后变更为住房和城乡建设主管部门）审批、验收、备案的使用功能、用途一致；建筑物改建、扩建、变更用途和装修（工程投资额在 30 万元以下或建筑面积在 300m² 以下建筑工程可不申请办理施工许可证）应按照国家法律法规要求向相关主管部门办理审批、验收、备案手续。

1.3　评价方法及评价重点

资料核查：

（1）查阅各级单位建筑物或场所消防档案（验收、备案资料）以及现场实际情况，实际使用功能、用途是否与消防验收（备案）、消防安全承诺确定的用途一致。

（2）查阅各级单位建筑物改建、扩建、变更用途和装修后审批、验收、备案资料，是否依法依规履行手续。

1.4　检查依据（见表 62）

表 62　　　　　　　　　　　　　检　查　依　据

序号	依据文件	依据重点内容
1	《建设工程消防设计审查验收管理暂行规定》（住建部令第 51 号）第二十六条、第二十七条	（1）对特殊建设工程实行消防验收制度。特殊建设工程竣工验收后，建设单位应当向消防设计审查验收主管部门申请消防验收；未经消防验收或者消防验收不合格的，禁止投入使用。 （2）建设单位组织竣工验收时，应当对建设工程是否符合下列要求进行查验：完成工程消防设计和合同约定的消防各项内容；有完整的工程消防技术档案和施工管理资料（含涉及消防的建筑材料、建筑构配件和设备的进场试验报告）；建设单位对工程涉及消防的各分部分项工程验收合格；施工、设计、工程监理、技术服务等单位确认工程消防质量符合有关标准；消防设施性能、系统功能联调联试等内容检测合格。 （3）经查验不符合前款规定的建设工程，建设单位不得编制工程竣工验收报告

1.5　典型问题

● 某供电公司办公楼向当地住房和城乡建设主管部门备案使用功能为仓储，与实际使用功能不一致。

十二、建筑防火

1 总平面布局

1.1 评价内容及分值（见表63）

表63 评价内容及分值

评分内容	标准分	评价方法	评分标准
（1）高层建筑沿建筑的一个长边设置的消防车道，该长边所在建筑立面应设置消防车登高操作场地和消防救援窗口。 （2）供消防车取水的天然水源和消防水池设置消防车道及取水口。 （3）消防车道的净宽度和净空高度不低于4m。 （4）消防车登高操作场地范围内不应设置影响登高车停靠、作业的地下车库出入口、人防工程出入口等设施和障碍物。 （5）建筑物附近50m范围内，不应有甲乙类厂房、仓库、甲、乙、丙类液体储罐，可燃气体储罐和可燃材料堆场等火灾风险较大的建筑或场所	20	检查现场	（1）未在规定位置设置登高操作场地，不得分；未设置消防救援窗或窗口不符合规范，扣5~10分。 （2）未按要求设置消防车道或取水口，扣10~15分。 （3）消防车道宽度或高度不符合要求，扣10~15分。 （4）消防车登高操作场地范围内设有障碍物，每处扣10~15分。 （5）建筑物附近50m范围内有火灾风险较大的建筑或场所的，扣10~15分

1.2 条文内容解读

各级单位建筑物总平面布局设计应符合《建筑设计防火规范》（GB 50016）等规范要求，规范设置消防车登高操作场地、消防车道及取水口等灭火救援设施，科学规划消防车道（净宽度和净空高度不低于4m）满足消防救援需要，合理布局建筑、厂房等设施，确保防火间距（附近50m范围内，不应有甲乙类厂房、仓库、甲、乙、丙类液体储罐，可燃气体储罐和可燃材料堆场等火灾风险较大的建筑或场所）。

1.3 评价方法及评价重点

资料核查：

查阅各级单位消防设计文件、总平面图纸、消防车道流线图，是否满足规范要求，消防车登高操作场地、消防水池、消防车道及取水口是否按规定设置；消防车道的净宽度和净空高度是否满足要求。厂房仓库、公共建筑外墙是否设置消防救援窗。

现场检查：

（1）现场检查单位场所消防车登高操作场地的位置、大小是否符合《建筑设计防火规范》（GB 50016）要求，消防车登高操作场地是否被占用。

（2）消防救援窗，位置、大小是否符合规范要求（窗口的净高度和净宽度均不应小于 1.0m，下沿距室内地面不宜大于 1.2m，间距不宜大于 20m 且每个防火分区不应少于 2 个等），窗口是否设置可在室外易于识别的明显标志。

（3）供消防车取水的天然水源和消防水池是否设置消防车道，测量消防车道的边缘距离取水点是否符合要求（不宜大于 2m）。

（4）消防车道的净宽度和净空高度是否不小于 4.0m，转弯半径是否满足普通消防车要求（9~12m），是否有妨碍消防车操作的树木、架空管线等障碍物，是否实施标志和标识标线管理，消防车道是否通畅。

1.4 检查依据（见表 64~表 66）

表 64   检 查 依 据

序号	依据文件	依据重点内容
1	《建筑设计防火规范》（GB 50016）7.1	（1）高层民用建筑，超过 3000 个座位的体育馆，超过 2000 个座位的会堂，占地面积大于 3000m² 的商店建筑、展览建筑等单、多层公共建筑应设置环形消防车道，确有困难时，可沿建筑的两个长边设置消防车道；对于山坡地或河道边临空建造的高层民用建筑，可沿建筑的一个长边设置消防车道，但该长边所在建筑立面应为消防车登高操作面。 （2）高层厂房，占地面积大于 3000m² 的甲、乙、丙类厂房和占地面积大于 1500m² 的乙、丙类仓库，应设置环形消防车道，确有困难时，应沿建筑物的两个长边设置消防车道。

续表

序号	依据文件	依据重点内容
1	《建筑设计防火规范》（GB 50016）7.1	（3）消防车道应符合下列要求：车道的净宽度和净空高度均不应小于4.0m；转弯半径应满足消防车转弯的要求；消防车道与建筑之间不应设置妨碍消防车操作的树木、架空管线等障碍物；消防车道靠建筑外墙一侧的边缘距离建筑外墙不宜小于5m；消防车道的坡度不宜大于8%。 （4）消防车道的路面、救援操作场地、消防车道和救援操作场地下面的管道和暗沟等，应能承受重型消防车的压力
2	《建筑设计防火规范》（GB 50016）7.2	（1）高层建筑应至少沿一个长边或周边长度的1/4且不小于一个长边长度的底边连续布置消防车登高操作场地，该范围内的裙房进深不应大于4m。建筑高度不大于50m的建筑，连续布置消防车登高操作场地确有困难时，可间隔布置，但间隔距离不宜大于30m，且消防车登高操作场地的总长度仍应符合上述规定。 （2）场地及其下面的建筑结构、管道和暗沟等，应能承受重型消防车的压力。场地应与消防车道连通，场地靠建筑外墙一侧的边缘距离建筑外墙不宜小于5m，且不应大于10m，场地的坡度不宜大于3%。 （3）建筑物与消防车登高操作场地相对应的范围内，应设置直通室外的楼梯或直通楼梯间的入口。 （4）厂房、仓库、公共建筑的外墙应在每层的适当位置设置可供消防救援人员进入的窗口。 （5）供消防救援人员进入的窗口的净高度和净宽度均不应小于1.0m，下沿距室内地面不宜大于1.2m，间距不宜大于20m且每个防火分区不应少于2个，设置位置应与消防车登高操作场地相对应。窗口的玻璃应易于破碎，并应设置可在室外易于识别的明显标志
3	《建设工程施工现场消防安全技术规范》（GB 50720）	下列临时用房和临时设施应纳入施工现场总平面布局： （1）施工现场的出入口、围墙、围挡。 （2）场内临时道路。 （3）给水管网或管路和配电线路敷设或架设的走向、高度。 （4）施工现场办公用房、宿舍、发电机房、变配电房、可燃材料库房、易燃易爆危险品库房、可燃材料堆场及其加工场、固定动火作业场等。 （5）临时消防车道、消防救援场地和消防水源
4	《汽车库、修车库、停车场设计防火规范》（GB 50067）4.1.8	地下、半地下汽车库内不应设置修理车位、喷漆间、充电间、乙炔间和甲、乙类物品库房

表 65　　　　　　　　　　　　　民 用 建 筑 分 类

名称	高层民用建筑		单、多层民用建筑
	一类	二类	
住宅建筑	建筑高度大于 54m 的住宅建筑（包括设置商业服务网点的住宅建筑）	建筑高度大于 27m，但不大于 54m 的住宅建筑（包括设置商业服务网点的住宅建筑）	建筑高度不大于 27m 的住宅建筑（包括设置商业服务网点的住宅建筑）
公共建筑	（1）建筑高度大于 50m 的公共建筑。 （2）建筑高度 24m 以上部分任一楼层建筑面积大于 1000m² 的商店、展览、电信、邮政、财贸金融建筑和其他多种功能组合的建筑。 （3）医疗建筑、重要公共建筑、独立建造的老年人照料设施。 （4）省级及以上的广播电视和防灾指挥调度建筑、网局级和省级电力调度建筑。 （5）藏书超过 100 万册的图书馆、书库	除一类高层公共建筑外的其他高层公共建筑	（1）建筑高度大于 24m 的单层公共建筑。 （2）建筑高度不大于 24m 的其他公共建筑

注 1. 表中未列入的建筑，其类别应根据本表类比确定。

　　2. 除本规范另有规定外，宿舍、公寓等非住宅类居住建筑的防火要求，应符合有关公共建筑的规定。

　　3. 除另有规定外，裙房的防火要求应符合有关高层民用建筑的规定。

表 66　　　　　不同耐火等级建筑相应构件的燃烧性能和耐火极限

构件名称		耐火等级			
		一级	二级	三级	四级
墙	防火墙	不燃性 3.00	不燃性 3.00	不燃性 3.00	不燃性 3.00
	承重墙	不燃性 3.00	不燃性 2.50	不燃性 2.00	难燃性 0.50
	非承重墙	不燃性 1.00	不燃性 1.00	不燃性 0.50	可燃性
	楼梯间和前室的墙电梯井的墙住宅建筑单元之间的墙和分户墙	不燃性 2.00	不燃性 2.00	不燃性 1.50	难燃性 0.50
	疏散走道的隔墙	不燃性 1.00	不燃性 1.00	不燃性 0.5	难燃性 0.25
	房间隔墙	不燃性 0.75	不燃性 0.5	难燃性 0.50	难燃性 0.25
柱		不燃性 3.00	不燃性 2.50	不燃性 2.00	难燃性 0.50

续表

构件名称	耐火等级			
	一级	二级	三级	四级
梁	不燃性 2.00	不燃性 1.50	不燃性 1.00	难燃性 0.50
楼板	不燃性 1.50	不燃性 1.00	不燃性 0.5	可燃性
屋顶承重构件	不燃性 1.50	不燃性 1.00	不燃性 0.5	可燃性
疏散楼梯	不燃性 1.50	不燃性 1.00	不燃性 0.5	可燃性
吊顶（包括吊顶搁栅）	不燃性 0.25	难燃性 0.25	难燃性 0.15	可燃性

1.5 典型问题

● 某供电公司办公楼消防车道内有临时性建筑物，导致消防车道部分宽度不满足 4m。不符合《建筑设计防火规范》（GB 50016）中消防车道净宽度要求。

2 平面布置

2.1 评价内容及分值（见表 67）

表 67 评价内容及分值

评分内容	标准分	评价方法	评分标准
（1）消防控制室设置：消防控制室入口处应设置明显标志，门应为乙级及以上防火门，疏散门应直通室外或安全出口；消防控制室的送、回风管，在其穿墙处应设防火阀；消防控制室的风管、管孔、线槽等开口部位的防火封堵应完好。（2）附设在建筑物内的消防水泵房，应采用耐火极限不低于 2h 的隔墙和 1.5h 的楼板与其他部位隔开，其疏散门应直通安全出口，且开向疏散走道的门应采用甲级防火门。（3）柴油发电机房：应设置火灾报警装置；建筑内其他部位设置自动喷水灭火系统时，机房内应设置自动喷水灭火系统	20	检查现场	（1）消防控制室设置不符合规范，每处扣 1~3 分。（2）消防水泵房疏散门位置不符合规范，扣 3 分；防火门不符合要求，扣 5~10 分。（3）柴油发电机房未设置报警装置，扣 5 分；未按照要求设置自动喷水系统，扣 10 分

2.2　条文内容解读

各级单位建筑物消防控制室、消防水泵房、柴油发电机房等房间的设置部位、防火分隔、火灾报警设备的配置应符合《建筑设计防火规范》（GB 50016）要求。

2.3　评价方法及评价重点

对照建筑平面图纸现场核查消防控制室入口疏散门是否直通室外或安全出口，消防控制室的送、回风管是否在其穿墙处设置防火阀，附设在建筑物内的消防水泵房，是否采用耐火极限不低于 2h 的隔墙和 1.5h 的楼板与其他部位隔开，其疏散门是否直通安全出口。柴油发电机房是否设置火灾报警装置。

现场检查：

（1）现场检查单位的消防控制室疏散门是否直通室外或安全出口，入口处是否设置明显标志；消防控制室门是否为乙级及以上防火门。

（2）现场检查建筑物消防控制室风管、管孔、线槽等开口部位的防火封堵是否完好，送回风管穿墙处是否加设防火阀。

（3）现场检查建筑物发电机房内设置的储油间是否符规范要求（总储存量不应大于 1m³，储油间应采用耐火极限不低于 3h 的防火隔墙与发电机间分隔，确需在防火隔墙上开门时，应设置甲级防火门等）。

2.4　检查依据（见表68）

表 68　　　　　　　　　　　检　查　依　据

序号	依据文件	依据重点内容
1	《建筑设计防火规范》（GB 50016）8.1	（1）消防给水和消防设施的设置应根据建筑的用途及其重要性、火灾危险性、火灾特性和环境条件等因素综合确定。 （2）城镇（包括居住区、商业区、开发区、工业区等）应沿可通行消防车的街道设置市政消火栓系统。 （3）民用建筑、厂房、仓库、储罐（区）和堆场周围应设置室外消火栓系统。 （4）用于消防救援和消防车停靠的屋面上，应设置室外消火栓系统

序号	依据文件	依据重点内容
2	《建筑设计防火规范》（GB 50016）5.4.13	布置在民用建筑内的柴油发电机房应符合下列规定： （1）宜布置在首层或地下一、二层。不应布置在人员密集场所的上一层、下一层或贴邻。 （2）应采用耐火极限不低于 2h 的防火隔墙和 1.5h 的不燃性楼板与其他部分分隔，门应采用甲级防火门。 （3）机房内设置储油间时，其总储存量不应大于 1m³，储油间应采用耐火极限不低于 3h 的防火隔墙与发电机间分隔；确需在防火隔墙上开门时，应设置甲级防火门。 （4）应设置火灾报警装置。 （5）应设置柴油发电机容量和建筑规模相适应的灭火设施，当建筑内其他部位设置自动喷水灭火系统时，机房内应设置自动喷水灭火系统
3	《消防给水及消火栓系统技术规范》（GB 50974）5.5.12	消防水泵房应符合下列规定： （1）独立建造的消防水泵房耐火等级不应低于二级。 （2）附设在建筑物内的消防水泵房，不应设置在地下三层及以下，或室内地面与室外出入口地坪高差大于 10m 的地下楼层。 （3）附设在建筑物内的消防水泵房，应采用耐火极限不低于 2h 的隔墙和 1.5h 的楼板与其他部位隔开，其疏散门应直通安全出口，且开向疏散走道的门应采用甲级防火门
4	《建筑设计防火规范》（GB 50016）8.1.7	设置火灾自动报警系统和需要联动控制消防设备的建筑（群）应设置消防控制室。消防控制室的设置应符合下列规定： （1）单独建造的消防控制室，其耐火等级不应低于二级。 （2）附设在建筑内的消防控制室，宜设置在建筑内首层或地下一层，并宜布置在靠外墙部位。 （3）不应设置在电磁场干扰较强及其他可能影响消防控制设备正常工作的房间附近。 （4）疏散门应直通室外或安全出口

2.5 典型问题

● 某供电公司消防控制室开向建筑内的门为普通木门，不满足应设置乙级及以上防火门要求。

3　配电线路

3.1　评价内容及分值（见表 69）

表 69　　　　　　　　　　　　评 价 内 容 及 分 值

评分内容	标准分	评价方法	评分标准
（1）非消防配电线路敷设在有可燃物的闷顶、吊顶内时，应采取金属导管、采用封闭式金属槽盒等防护保护措施。 （2）消防用电设备应采用专用的供电回路，当建筑内生产、生活用电被切断后，应仍能保证消防用电。 （3）消防配电线路宜与其他配电线路分开敷设在不同的电缆井、沟内；确有困难的需敷设在同一井道内时，应分别布置在电缆井沟的两侧，且消防配电线路应采用矿物绝缘类不燃性电缆	20	检查现场	（1）非消防配电线路敷设不规范，每处扣 1~3 分。 （2）消防用电设备供电回路未专用，每处扣 5 分；建筑内生产、生活用电被切断后，无法保证消防用电的，扣 10 分。 （3）消防配电线路敷设不符合规范，每处扣 3~5 分

3.2　条文内容解读

各级单位应按照《建筑设计防火规范》（GB 50016）要求，规范布设配电线路。消防用电设备应采用专用的供电回路，消防配电线路宜与其他配电线路分开敷设在不同的电缆井、沟内，如敷设在同一井道内时应分别布置在电缆井沟的两侧，并采用绝缘类不燃性电缆。

3.3　评价方法及评价重点

资料核查：

对照图纸核对现场建筑高度和供电负荷，配电线路的布置位置和布置方式，消防用电设备是否有专用的供电回路等情况。

现场检查：

（1）现场检查消防配电线路是否与其他配电线路分开敷设在不同的电缆井、沟内，如敷设在同一井道内时是否分别布置在电缆井沟的两侧，消防配电线路是否采用绝缘类不燃性电缆。

（2）现场检查消防配电线路明敷时（包括敷设在吊顶内），是否穿金属导管或采用封闭式金属槽盒保护，金属导管或封闭式金属槽盒应采取防火保护措施（采用阻燃或耐火电缆并敷设在电缆井、沟内时可不穿金属导管或采用封闭式金属槽盒保护，采用矿物绝缘类不燃性电缆时可直接明敷）是否满足《建筑设计防火规范》（GB 50016）要求。

（3）现场检查消防用电设备是否采用专用的供电回路，当建筑内的生产、生活用电被切断时是否仍能保证消防用电；配电线路穿越墙体、楼板处是否做防火封堵，防火封堵是否严密。

（4）现场检查非消防配电线路敷设在有可燃物的闷顶、吊顶内时，是否采取穿金属导管、采用封闭式金属槽盒等防火保护措施。

3.4 检查依据（见表 70）

表 70   检 查 依 据

序号	依据文件	依据重点内容
1	《建筑设计防火规范》（GB 50016）10.1	（1）下列建筑物的消防用电应按一级负荷供电：建筑高度大于 50m 的乙、丙类厂房和丙类仓库，一类高层民用建筑。 （2）下列建筑物、储罐（区）和堆场的消防用电应按二级负荷供电：室外消防用水量大于 30L/s 的厂房（仓库）；室外消防用水量大于 35L/s 的可燃材料堆场、可燃气体储罐（区）和甲、乙类液体储罐（区）；二类高层民用建筑；座位数超过 1500 个的电影院、剧场，座位数超过 3000 个的体育馆，任一层建筑面积大于 3000m² 的商店和展览建筑，省（市）级及以上的广播电视、电信和财贸金融建筑，室外消防用水量大于 25L/s 的其他公共建筑。 （3）其他建筑物、储罐（区）和堆场等的消防用电，可按三级负荷供电。

续表

序号	依据文件	依据重点内容
1	《建筑设计防火规范》（GB 50016）10.1	（4）消防用电设备应采用专用的供电回路，当建筑内的生产、生活用电被切断时，应仍能保证消防用电。备用消防电源的供电时间和容量，应满足该建筑火灾延续时间内各消防用电设备的要求。 （5）消防配电线路宜与其他配电线路分开敷设在不同的电缆井、沟内；确有困难需敷设在同一电缆井、沟内时，应分别布置在电缆井、沟的两侧，且消防配电线路应采用矿物绝缘类不燃性电缆
2	《建筑设计防火规范》（GB 50016）10.2	（1）配电线路敷设在有可燃物的闷顶、吊顶内时，应采取穿金属导管、采用封闭式金属槽盒等防火保护措施。 （2）架空电力线与甲、乙类厂房（仓库），可燃材料堆垛，甲、乙、丙类液体储罐，液化石油气储罐，可燃、助燃气体储罐的最近水平距离应符合规定。35kV 及以上架空电力线与单罐容积大于 200m³ 或总容积大于 1000m³ 液化石油气储罐（区）的最近水平距离不应小于 40m
3	《建筑设计防火规范》（GB 50016）10.1.6	消防用电设备应采用专用的供电回路，当建筑内的生产、生活用电被切断时，应仍能保证消防用电。备用消防电源的供电时间和容量，应满足该建筑火灾延续时间内各消防用电设备的要求
4	《建筑设计防火规范》（GB 50016）10.1.10	消防配电线路应满足火灾时连续供电的需要，其敷设应符合下列规定： （1）明敷时（包括敷设在吊顶内），应穿金属导管或采用封闭式金属槽盒保护，金属导管或封闭式金属槽盒应采取防火保护措施；当采用阻燃或耐火电缆并敷设在电缆井、沟内时，可不穿金属导管或采用封闭式金属槽盒保护；当采用矿物绝缘类不燃性电缆时，可直接明敷。 （2）暗敷时，应穿管并应敷设在不燃性结构内且保护层厚度不应小于 30mm。 （3）消防配电线路宜与其他配电线路分开敷设在不同的电缆井、沟内；确有困难需敷设在同一电缆井、沟内时，应分别布置在电缆井、沟的两侧，且消防配电线路应采用矿物绝缘类不燃性电缆

序号	依据文件	依据重点内容
5	《火力发电厂与变电站设计防火标准》（GB 50229）11.4	（1）长度超过100m的电缆沟或电缆隧道，应采取防止电缆火灾蔓延的阻燃或分隔措施，并应根据变电站的规模及重要性采取下列一种或数种措施。 1）采用耐火极限不低于2.00h的防火墙或隔板,并用电缆防火封堵材料封堵电缆通过的孔洞。 2）电缆局部涂防火涂料或局部采用防火带、防火槽盒。 （2）电缆从室外进入室内的入口处、电缆竖井的出入口处，建（构）筑物中电缆引至电气柜、盘或控制屏、台的开孔部位，电缆贯穿隔墙、楼板的空洞应采用电缆防火封堵材料进行封堵，其防火封堵组件的耐火极限不应低于被贯穿物的耐火极限，且不低于1.00h。 （3）防火墙上的电缆孔洞应采用电缆防火封堵材料或防火封堵组件进行封堵，并应采取防止火焰延燃的措施，其防火封堵组件的耐火极限应为3.00h
6	《民用建筑电气设计标准》（GB 51348）4.3.5	设置在民用建筑内的变压器，应选择干式变压器、气体绝缘变压器或非可燃性液体绝缘变压器
7	《国网设备部关于印发变电站消防设施运维管理规范（试行）的通知》（设备变电〔2019〕29号）3.30	消防系统供配电设施运行要求： （1）消防设备配电箱应由区别于其他配电箱的明显标志，不同消防设备的配电箱应由明显区分标识。 （2）配电箱上的以表、指示灯的显示应正常，指示灯、仪表、开关标识准确，开关及控制按钮应灵活可靠。 （3）消防系统供配电应采用双回路供电，并能自动切换正常，切换备用电源的控制方式及操作程序应符合设计要求

3.5　典型问题

● 某供电公司仓库消防供电与照明供电共用一回线路，未独立设置消防供电线路。不符合《建筑设计防火规范》（GB 50016）10.1.6 "消防用电设备应采用专用的供电回路" 的规定。

十三、消防器材配置

1　灭火器

1.1　评价内容及分值（见表71）

表71　　　　　　　　　　评 价 内 容 及 分 值

评分内容	标准分	评价方法	评分标准
（1）每个计算单元配置的灭火器数量和类型应符合《建筑灭火器配置设计规范》（GB 50140）要求。 （2）灭火器应设置在位置明显和便于取用的地点，且不得影响安全疏散。 （3）对有视线障碍的灭火器设置点，设置指示其位置的发光标志。 （4）灭火器摆放稳固，其铭牌应朝外；手提式灭火器应设置在灭火器箱内或挂钩、托架上；灭火器箱不得上锁。 （5）灭火器设置在潮湿或强腐蚀性的地点或室外时，应有相应的保护措施	20	查阅设计文件、3C标志和证书、台账、维修和报废记录等；对照设计文件，至少抽查2个防火分区，必须包含所有消防安全重点部位	（1）每个计算单元配置的灭火器数量和类型不符合要求，不得分。 （2）灭火器未设置在位置明显和便于取用的地点，不得分；灭火器的位置影响安全疏散，不得分。 （3）对有视线障碍的灭火器设置点，未设置指示其位置的发光标志的，每个设置点扣2分。 （4）灭火器的摆放不稳固，或其铭牌未朝外，每个扣5分；手提式灭火器未设置在灭火器箱内或挂钩、托架上，或灭火器箱上锁，每个扣5分。 （5）设置在潮湿或强腐蚀性的地点或室外的灭火器没有相应的保护措施，每个扣5分

1.2　条文内容解读

各级单位应根据本场所可能发生火灾类型，按照《建筑灭火器配置设计规范》（GB 50140）等规范标准，足额配备适用的灭火器，合理设置灭火器点位。

1.3　评价方法及评价重点

资料检查：

查阅灭火器年度维修和报废记录，记录是否包含灭火器身份识别码、规格型号、出厂日期、维修日期及报废记录等信息；查阅灭火器是否具有国家强制性产品认证标志（可留存灭火器国家消防装备质量监督检验中心出具的检测报告和中国国家强制性产品认证证书）等。

对照相关场所给排水竣工图、消防档案等资料进行现场检查：

（1）现场配置的灭火器数量、点位、功能、火灾类型与台账是否一致，且满足现场实际灭火需要。放置位置是否存在遮挡影响使用，灭火器箱是否完好并能够正常打开，手提式灭火器是否设置在灭火器箱内或挂钩、托架上。

（2）现场检查灭火器本体是否具备 3C 标志、合格证等标识，相关标识是否完好无损，灭火器日常保养记录是否齐全（至少抽查办公场所、变电站、后勤场所、营业厅等消防重点场所各两处）。

1.4　检查依据（见表 72～表 75）

表 72　　　　　　　　　检　查　依　据

序号	依据文件	依据重点内容
1	《建筑灭火器配置设计规范》（GB 50140）6	（1）一个计算单元内配置的灭火器数量不得少于 2 具。每个设置点的灭火器数量不宜多于 5 具。 （2）灭火器的最低配置基准如下：1A 可保护 100m²，2A 可保护 75m²，3A 可保护 50m²。 （3）D 类火灾场所的灭火器最低配置基准应根据金属的种类、物态及其特性等研究确定。E 类火灾场所的灭火器最低配置基准不应低于该场所内 A 类（或 B 类）火灾的规定
2	《建筑灭火器配置验收及检查规范》（GB 50444）3.1	（1）灭火器的安装设置应包括灭火器、灭火器箱、挂钩、托架和发光指示标志等的安装。 （2）应按照建筑灭火器配置设计图和安装说明进行。 （3）灭火器应便于取用，且不得影响安全疏散。 （4）应稳固，灭火器的铭牌应朝外，灭火器的器头宜向上。 （5）灭火器设置点的环境温度不得超出灭火器的使用温度范围
3	《建筑灭火器配置验收及检查规范》（GB 50444）3.2	手提式灭火器安装配置： （1）手提式灭火器宜设置在灭火器箱内或挂钩、托架上。对于环境干燥、洁净的场所，手提式灭火器可直接放置在地面上。 （2）灭火器箱不应被遮挡、上锁或拴系。 （3）灭火器箱的箱门开启应方便灵活，其箱门开启后不得阻挡人员安全疏散。除不影响灭火器取用和人员疏散的场合外，开门型灭火器箱的箱门开启角度不应小于 175°，翻盖型灭火器箱的翻盖开启角度不应小于 100°

续表

序号	依据文件	依据重点内容
4	《建筑灭火器配置验收及检查规范》(GB 50444)3.3	推车式灭火器安装配置: (1)推车式灭火器宜设置在平坦场地,不得设置在台阶上。在没有外力作用下,推车式灭火器不得自行滑动。 (2)推车式灭火器的设置和防止自行滑动的固定措施等均不得影响其操作使用和正常行驶移动
5	《建设工程施工现场消防安全技术规范》(GB 50720)5.2.1	在建工程及临时用房的下列场所应配置灭火器: (1)易燃易爆危险品存放及使用场所。 (2)动火作业场所。 (3)可燃材料存放、加工及使用场所。 (4)厨房操作间、锅炉房、发电机房、变配电房、设备用房、办公用房、宿舍等临时用房。 (5)其他具有火灾危险的场所

表73 灭 火 器 的 适 用 性

火灾场所 \ 类型	水型灭火器	干粉灭火器		泡沫灭火器②		卤代烷1211灭火器	二氧化碳灭火器
		磷酸铵盐干粉灭火器	碳酸氢钠干粉灭火器	机械泡沫灭火器	抗溶泡沫灭火器③		
A类场所	适用。水能冷却并穿透固体燃烧物质而灭火,并可有效防止复燃	适用。粉剂能附着在燃烧物的表面层,起到窒息火焰作用	不适用。碳酸氢钠对固体可燃物无粘附作用,只能控火,不能灭火	适用。具有冷却和覆盖燃烧物表面及与空气隔绝的作用		适用。具有扑灭A类火灾的效能	不适用。灭火器喷出的二氧化碳无液滴,全是气体,对A类火灾基本无效
B类场所	不适用①。水射流冲击油面,会激溅油火,致使火势蔓延,灭火困难	适用。干粉灭火剂能快速窒息火焰,其有中断燃烧过程的连锁反应的化学活性		适用于扑救非极性溶剂和油品火灾,覆盖燃烧物表面,使其与空气隔绝	适用于扑救极性溶剂火灾	适用。洁净气体灭火剂能快速窒息火焰,抑制燃烧连锁反应,而中止燃烧过程	适用。二氧化碳靠气体堆积在燃烧物表面,稀释并隔绝空气

95

续表

火灾场所 \ 类型	水型灭火器	干粉灭火器		泡沫灭火器		卤代烷1211灭火器	二氧化碳灭火器
		磷酸铵盐干粉灭火器	碳酸氢钠干粉灭火器	机械泡沫灭火器②	抗溶泡沫灭火器③		
C类场所	不适用。灭火器喷出的细小水流对气体火灾作用很小，基本无效	适用。喷射干粉灭火剂能快速扑灭气体火焰，其有中断燃烧过程的连锁反应的化学活性		不适用。泡沫对可燃液体火灾灭火有效，但扑救可燃气体火灾基本无效		适用。洁净气体灭火剂能抑制燃烧连锁反应，而中止燃烧	适用。二氧化碳室息灭火，不留迹，不污损设备
E类场所	不适用	适用	适用于带电的B类火灾	不适用		适用	适用于带电的类火灾

① 新型的添加了能灭B类火的添加剂的水型灭火器具有B类灭火级别，可灭B类火灾。

② 化学泡沫灭火器已淘汰。

③ 目前，抗溶泡沫灭火器常用机械泡沫类型灭火器。

表74　　　　　　　　　　　　　灭火器报废管理期限

灭火器类型		报废期限（年）
水基型灭火器	手提式水基型灭火器	6
	推车式水基型灭火器	
干粉灭火器	手提式（贮压式）干粉灭火器	10
	手提式（储气瓶式）干粉灭火器	
	推车式（贮压式）干粉灭火器	
	推车式（储气瓶式）干粉灭火器	
洁净气体灭火器	手提式洁净气体灭火器	10
	推车式洁净气体灭火器	
二氧化碳灭火器	手提式二氧化碳灭火器	12
	推车式二氧化碳灭火器	

表75　　　　　　　　　A类火灾场所的灭火器最大保护距离　　　　　　　（m）

危险等级 \ 灭火器形式	手提式灭火器	推车式灭火器
严重危险级	15	30
中危险级	20	40
轻危险级	25	50

1.5 典型问题

● 某供电公司档案室中配置了二氧化碳灭火器，配置灭火器类型错误。档案室属于 A 类火灾场所，二氧化碳灭火器无法有效扑灭 A 类火灾，应配置水型、磷酸铵盐（ABC 型）干粉灭火器等能够扑灭 A 类火灾的灭火器。

2 正压式空气呼吸器

2.1 评价内容及分值（见表 76）

表 76　　　　　　　　　　　评 价 内 容 及 分 值

评分内容	标准分	评价方法	评分标准
（1）调度控制大楼消防控制室配置 2～4 台正压式空气呼吸器；330kV 及以上变电站、地下变电站、长距离电缆隧道主要出入口至少配置 2 台正压式空气呼吸，每个变电运维班至少配置 2 台；信息机房等其他安装有气体灭火系统的主设备区至少配置 2 台。 （2）空气呼吸器不使用时全面罩应放置在包装箱内，存放在清洁、干燥的室内；存放时不能处于受压状态。 （3）空气瓶储存时应避免碰撞、划伤和敲击，避免高温烘烤和高寒冷冻及阳光下暴晒。 （4）值班人员熟练使用正压式空气呼吸器	10	（1）正压式空气呼吸配置数量不符合要求，每少 1 具扣 3 分。 （2）空气呼吸器存放不符合要求的，每 1 具扣 10 分。 （3）空气瓶储存时，未避免碰撞、划伤或敲击，或未避免高温烘烤和高寒冷冻及阳光下暴晒，每 1 具扣 10 分。 （4）值班人员无法熟练使用，每人次扣 4 分；扣完为止	（1）未按照要求建立志愿（专职）消防队或微型消防站，不得分；未按照规定配置相应的灭火器材或设备设施，每项扣 2～5 分。 （2）相关制度未严格落实，每处扣 2～5 分；相关人员消防业务不熟练，每处扣 2～5 分

2.2 条文内容解读

各级单位应按照《电力设备典型消防规程》（DL 5027）在调度控制大楼消防控制室、330kV 及以上变电站、地下变电站、长距离电缆隧道主要出入口以及相关运维班组等足额配置正压式空气呼吸器，并规范存放。相关场所值班人员应能熟练使用正压式空气呼吸器。

2.3　评价方法及评价重点

现场检查：

（1）现场检查相关场所（调度控制大楼消防控制室，信息机房、配电室、蓄电池室等安装有气体灭火系统的场所，330kV 及以上变电站、地下变电站、长距离电缆隧道等场所）及变电运维班正压式空气呼吸器配置情况，是否按标准足额配置。

（2）现场检查正压式空气呼吸器存放是否满足规范要求，包括但不限于：呼吸器应放置在包装箱内，存放在清洁、干燥的室内；存放时不能处于受压状态。调度控制大楼消防控制室是否配置 2～4 台正压式空气呼吸器；信息机房、配电室、蓄电池室等安装有气体灭火系统的场所是否配置 2 台及以上正压式空气呼吸器，并放置在气体保护区出入口外部、灭火剂储瓶间或同一建筑的有人值班控制室内；330kV 及以上变电站、地下变电站、长距离电缆隧道等场所主要出入口处是否配置 2 台及以上正压式空气呼吸器；变电运维班是否配置 2 台及以上正压式空气呼吸器；正压式空气呼吸器是否存储在专用红色设备柜，并固定设置标志牌，空气瓶压力是否不小于 5.0MPa。

人员询问：

现场询问消防控制室值班人员、变电运维班运行人员是否知晓正压式空气呼吸器的使用、保存方法（至少抽选 2 名人员进行现场模拟使用）。

2.4　检查依据（见表 77）

表 77　　　　　　　　　　检 查 依 据

序号	依据文件	依据重点内容
1	《电力设备典型消防规程》（DL 5027）14.4	（1）设置固定式气体灭火系统的发电厂和变电站等场所应配置正压式空气呼吸器，数量宜按每座有气体灭火系统的建筑物各设 2 套，可放置在气体保护区出入口外部、灭火剂储瓶间或同一建筑的有人值班控制室内。 （2）长距离电缆隧道、长距离地下燃料皮带通廊、地下变电站的主要出入口应至少配置 2 套正压式空气呼吸器和 4 只防毒面具。水电厂地下厂房、封闭厂房等场所，也应根据实际情况配置正压式空气呼吸器。 （3）正压式空气呼吸器应放置在专用设备柜内，柜体应为红色并固定设置标志牌

续表

序号	依据文件	依据重点内容
2	《国家电网有限公司消防安全监督检查工作规范》（Q/GDW 11886）20.1、20.2、20.4	（1）调度控制大楼消防控制室配置 2～4 台。330kV 及以上变电站、地下变电站、长距离电缆隧道主要出入口应至少配置 2 台，每个变电运维班至少配置 2 台。 （2）空气瓶压缩空气储存不小于 5.0MPa，避免碰撞、划伤和敲击，应避免高温烘烤和高寒冷冻及阳光下暴晒。 （3）空气呼吸器不使用时，全面罩应放置在包装箱内，存放时不能处于受压状态。应存放在清洁、干燥的室内

2.5　典型问题

● 某供电公司调度控制大楼消防控制室未按要求配置正压式空气呼吸器。不符合《国家电网有限公司消防安全监督检查工作规范》（Q/GDW 11886）中"调度控制大楼消防控制室配置 2～4 台"的要求。

3　过滤式自救呼吸器

3.1　评价内容及分值（见表 78）

表 78　　　　　　　　　　评 价 内 容 及 分 值

评分内容	标准分	评价方法	评分标准
（1）人员密集的办公楼二层及二层以上楼层应按规定配备过滤式自救呼吸器，高于 30m 的楼层内应配备防护时间不少于 20min 的自救呼吸器；配备数量为每人一具。 （2）过滤式自救呼吸器应贮存在干燥、通风、清洁的地方。 （3）人员应熟练掌握过滤式自救呼吸器的使用方法；消防过滤式自救呼吸器的操作方法应纳入单位对职工的消防教育培训	10	现场抽查不少于 3 具；至少抽查询问 2 名员工，包含消防安全重点部位人员	（1）自救呼吸器未按照要求配置，每处扣 2 分。 （2）自救呼吸器贮存位置不符合要求，每具扣 2 分。 （3）人员未熟练掌握过滤式自救呼吸器的使用方法，每人次扣 2 分

3.2　条文内容解读

各单位所属的人员密集办公楼（一般应包含各级调度办公大楼以及位于高层建

筑的各类办公场所）、培训中心、宾馆酒店等建筑应参照《建筑火灾逃生避难器材 第1部分：配备指南》（GB/T 21976.1）要求，足额配备过滤式自救呼吸器，存放位置应便于人员取用。人员应熟练掌握过滤式自救呼吸器的使用方法。

3.3　评价方法及评价重点

现场检查：

现场检查相关场所过滤式自救呼吸器配置情况是否满足以下要求，包括但不限于是否按要求配置，配置数量是否充足。人员密集的办公楼（一般应包含各级调度办公大楼以及位于高层建筑的各类办公场所）二层及以上楼层，是否足额（至少达到每人一具）配置过滤式自救呼吸器，贮存环境是否干燥、通风、清洁。现场检查过滤式自救呼吸器防护时间是否不小于 20min。

人员询问：

现场抽查人员（消防安全重点部位工作人员不少于 1 人），是否知晓过滤式自救呼吸器存放位置，是否熟练掌握使用方法。

3.4　检查依据（见表 79）

表 79　　　　　　　　　　　　检　查　依　据

序号	依据文件	依据重点内容
1	《建筑火灾逃生避难器材 第 1 部分：配备指南》（GB/T 21976.1）5.2.1、5.3	（1）呼吸器类逃生避难器材适用于人员密集的公共建筑的二层及二层以上楼层和地下公共建筑。地上建筑可配备过滤式自救呼吸器或化学氧自救呼吸器，高于30m 的楼层内应配备防护时间不少于 20min 的自救呼吸器。 （2）过滤式自救呼吸器的配备数量应满足器材可救助人数之和不小于逃生避难人数的要求（示例：办公楼为办公人数＋员工人数）
2	《建筑火灾逃生避难器材 第 7 部分：过滤式消防自救呼吸器》（GB 21976.7）8	（1）过滤式消防自救呼吸器应贮存在温度为 0～40℃，通风良好的库房内；应远离热源，不得与易燃品、腐蚀物品存放在一起。 （2）标志、包装、有效期等应查阅《建筑火灾逃生避难器材 第 7 部分：过滤式消防自救呼吸器》（GB 21976.7）8.1、8.2、8.5

3.5 典型问题

● 某供电公司调度办公大楼二楼以上办公场所配置过滤式自救呼吸器数量不足，不满足每人一具的数量要求。

十四、消防设施配置

1 火灾自动报警系统

1.1 评价内容及分值（见表 80）

表 80 评价内容及分值

评分内容	标准分	评价方法	评分标准
（1）变电站、换流站、发电厂站等应按照《电力设备典型消防规程》（DL 5027）表 13.7.4 及《火力发电厂与变电站设计防火标准》（GB 50229）表 11.5.26 的要求设置火灾自动报警系统。 （2）办公楼类建筑物应按照《建筑设计防火规范》（GB 50016）8.4 及《火灾自动报警系统设计规范》（GB 50116）的要求设置火灾自动报警系统。 （3）储能电站可参照《电化学储能电站设计规范》（GB 51048）11.4 及《预制舱式磷酸铁锂电池储能电站消防技术规范》（T/CEC 373）配置	25	对各个房间开展抽查，抽查数量不少于 5 个房间	（1）变电站、换流站、发电厂站等未按要求设置火灾自动报警系统的，不得分；设置了自动报警系统，但部分设备不符合规范要求的，每处扣 5 分；扣完为止。 （2）办公楼类建筑物未按要求设置火灾自动报警系统的，不得分；设置了自动报警系统，但部分设备不符合规范要求的，每处扣 5 分；扣完为止。 （3）储能站未按照规范配置火灾报警系统的，扣 10～20 分

1.2 条文内容解读

各级单位应按照《建筑设计防火规范》（GB 50016）、《火力发电厂与变电站设计防火标准》（GB 50229）、《电力设备典型消防规程》（DL 5027）等标准要求，在生产、办公、经营、后勤等场所设置火灾自动报警系统。

1.3 评价方法及评价重点

对照建筑物火灾自动报警系统竣工图等设计资料进行现场检查：

（1）变电站、换流站、发电厂站等建筑内房间、走廊（检查数量不少于 5 个房间），是否按图纸要求部位安装有火灾自动报警设备，所安装设备数量、高度、间距是否符合规范要求。

（2）办公楼内消防安全重点部位，部分公共区域及办公室（检查数量不少于 5 处），是否按图纸要求部位安装有火灾自动报警设备，所安装设备数量、高度、间距是否符合规范要求。

（3）火灾报警控制器安装是否牢固（落地安装时：背面维修间距满足 1m 要求，壁挂式安装时：边缘距墙满足 0.5m 要求），接地是否牢固（接地线截面积是否不小于 4mm^2 并有明显标志），是否有遮挡物、障碍物。

（4）当火灾自动报警系统布线采用明敷时，是否采用金属管或金属线槽保护，是否在金属管或金属线槽上采取防火保护措施。

（5）控制与显示类设备（火灾报警控制器、消防联动控制器、火灾显示盘、控制中心监控设备、消防电话总机、防火门监控器、消防设备电源监控器、消防应急广播控制装置等）安装是否满足要求，包括但不限于：安装工艺应牢固，不应倾斜；安装在轻质墙上应采取加固措施；线缆应配线整齐、绑扎成束、固定牢靠，并做好封堵；线缆芯线端部应标明编号，端子板每个接线端接线不应超过 2 根；控制与显示类设备应与消防电源、备用电源直接连接，不应使用电源插头；主电源、控制与显示类设备接地等应设置明显的永久性标识。

（6）探测器（点型火灾探测器、一氧化碳火灾探测器、独立式火灾探测报警器等）安装是否满足要求，包括但不限于：探测器至墙壁、梁边水平距离不应小于 0.5m，至空调送风口水平距离不应小于 1.5m；探测器周围水平距离 0.5m 内不应有遮挡物；探测器底座应安装牢固，与导线连接应可靠压接或焊接，底座应采取保护措施。

（7）系统其他部件（手动火灾报警按钮、防火卷帘手动控制装置等）安装是否满足要求，包括但不限于：手动、自动控制装置应安装牢固，不应倾斜，设置明显的永久性标识；消火栓按钮应设置在消火栓箱内，疏散通道设置防火卷帘两侧均应设置手动控制装置；模块或模块箱应独立安装在不燃材料或墙体上，并应采取防潮、防腐蚀等措施。

1.4　检查依据（见表 81 和表 82）

表 81 检 查 依 据

序号	依据文件	依据重点内容
1	《电力设备典型消防规程》（DL 5027）表 13.7.4	电压等级 35kV 或单台变压器 5MVA 及以上变电站、换流站和开关站的特殊消防设施配置应符合《火力发电厂与变电站设计防火标准》（GB 50229）的有关规定，换流站的消防设施还应符合《高压直流换流站设计技术规定》（DL/T 5223）的要求，地下变电站的消防设施还应符合《35kV～220kV 城市地下变电站设计规程》（DL/T 5216）的要求
2	《建筑设计防火规范》（GB 50016）8.4	下列建筑或场所应设置火灾自动报警系统：地市级及以上广播电视建筑、邮政建筑、电信建筑，城市或区域性电力、交通和防灾等指挥调度建筑；净高大于 2.6m 且可燃物较多的技术夹层，净高大于 0.8m 且有可燃物的闷顶或吊顶内；电子信息系统的主机房及其控制室、记录介质库，特殊贵重或火灾危险性大的机器、仪表、仪器设备室、贵重物品库房；二类高层公共建筑内建筑面积大于 50m² 的可燃物品库房和建筑面积大于 500m² 的营业厅；其他一类高层公共建筑；设置机械排烟、防烟系统，雨淋或预作用自动喷水灭火系统，固定消防水炮灭火系统、气体灭火系统等需与火灾自动报警系统联锁动作的场所或部位
3	《火灾自动报警系统设计规范》（GB 50116）3	（1）火灾自动报警系统应设有自动和手动两种触发装置。火灾自动报警系统设备应选择符合国家有关标准和有关市场准入制度的产品。系统中各类设备之间的接口和通信协议的兼容性应符合《火灾自动报警系统组件兼容性要求》（GB 22134）的有关规定。 （2）任一台火灾报警控制器所连接的火灾探测器、手动火灾报警按钮和模块等设备总数和地址总数，均不应超过 3200 点，其中每一总线回路连接设备的总数不宜超过 200 点，且应留有不于额定容量 10% 的余量；任一台消防联动控制器地址总数或火灾报警控制器（联动型）所控制的各类模块总数不应超过 1600 点，每一联动总线回路连接设备的总数不宜超过 100 点，且应留有不少于额定容量 10% 的余量。 （3）系统总线上应设置总线短路隔离器，每只总线短路隔离器保护的火灾探测器、手动火灾报警按钮和模块等消防设备的总数不应超过 32 点；总线穿越防火分区时，应在穿越处设置总线短路隔离器。 （4）高度超过 100m 的建筑中，除消防控制室内设置的控制器外，每台控制器直接控制的火灾探测器、手动报警按钮和模块等设备不应跨越避难层。水泵控制柜、风机控制柜等消防电气控制装置不应采用变频启动方式
4	《电化学储能电站设计规范》（GB 51048）11.4	主控通信室、配电装置室、继电器室、电池室、PCS 室、电缆夹层及电缆竖井应设置火灾自动报警系统。电站内主要建、构筑物和设备火灾报警系统应符合《电化学储能电站设计规范》（GB 51048）表 11.4.2 的规定

续表

序号	依据文件	依据重点内容
5	《预制舱式磷酸铁锂电池储能电站消防技术规范》（T/CEC 373）4.9.1、4.9.2、4.9.3	（1）预制舱式储能电站内电池预制舱与其他功能区域的火灾报警及其联动控制系统宜分开设置。火灾报警及其联动控制系统宜设置在消防设备舱（室）内，或设置在二次设备舱（室）。 （2）当设置在二次设备舱（室）时，消防控制设备区域宜与其他设备区域分开布置。 （3）电池预制舱外应设置手动火灾报警按钮，舱内应设置可燃气体探测器、感温探测器和感烟探测器，每种探测器不应小于 2 个。探测器应安装在预制舱中间走道顶部，间距不大于 4m
6	《火灾自动报警系统施工及验收标准》（GB 50166）	（1）系统调试应包括系统部件功能调试和分系统的联动控制功能调试，并应符合下列规定：应对系统部件的主要功能、性能进行全数检查，系统设备的主要功能、性能应符合现行国家标准的规定；应逐一对每个报警区域、防护区域或防烟区域设置的消防系统进行联动控制功能检查，系统的联动控制功能应符合设计文件和《火灾自动报警系统设计规范》（GB 50116）的规定；不符合规定的项目应进行整改，并应重新进行调试。 （2）火灾报警控制器、可燃气体报警控制器、电气火灾监控设备、消防设备电源监控器等控制类设备的报警和显示功能，应符合下列规定：火灾探测器、可燃气体探测器、电气火灾监控探测器等探测器发出报警信号或处于故障状态时，控制类设备应发出声、光报警信号，记录报警时间。 （3）消防联动控制器的联动启动和显示功能应符合下列规定：消防联动控制器接收到满足联动触发条件的报警信号后，应在 3s 内发出控制相应受控设备动作的启动信号，点亮启动指示灯，记录启动时间。 （4）消防控制室图形显示装置的消防设备运行状态显示功能应符合下列规定：消防控制室图形显示装置应接收并显示火灾报警控制器发送的火灾报警信息、故障信息、隔离信息、屏蔽信息和监管信息；消防控制室图形显示装置应接收并显示消防联动控制器发送的联动控制信息、受控设备的动作反馈信息；消防控制室图形显示装置显示的信息应与控制器的显示信息一致。 （5）气体灭火系统、防火卷帘系统、防火门监控系统、自动喷水灭火系统、消火栓系统、防烟与排烟系统、消防应急照明及疏散指示系统、电梯与非消防电源等相关系统的联动控制调试，应在各分系统功能调试合格后进行。 （6）系统设备功能调试、系统的联动控制功能调试结束后，应恢复系统设备之间、系统设备和受控设备之间的正常连接，并应使系统设备、受控设备恢复正常工作状态

续表

序号	依据文件	依据重点内容
7	《火力发电厂与变电站设计防火标准》（GB 50229）11.5.25	下列变电站场所和设备应设置火灾自动报警系统： （1）控制室、配电装置室、可燃介质电容器室、继电器室、通信机房。 （2）地下变电站、无人值班变电站的控制室、配电装置室、可燃介质电容器室、继电器室、通信机房。 （3）采用固定灭火系统的油浸变压器、油浸电抗器。 （4）地下变电站的油浸变压器、油浸电抗器。 （5）敷设具有可延燃绝缘层和外护层电缆的电缆夹层及电缆竖井。 （6）地下变电站、户内无人值班的变电站的电缆夹层及电缆竖井

表 82 感烟火灾探测器和感温火灾探测器的保护面积和保护半径

火灾探测器的种类	地面面积 S（m²）	房间高度 h（m）	一只探测器的保护面积 A 和保护半径 R					
			屋顶坡度 θ					
			θ≤15°		15°<θ≤30°		θ>30°	
			A（m²）	R（m）	A（m²）	R（m）	A（m²）	R（m）
感烟火灾探测器	S≤80	h≤12	80	6.7	80	7.2	80	8.0
	S>80	6<h≤12	80	6.7	100	8.0	120	9.9
		h≤6	60	5.8	80	7.2	100	9.0
感温火灾探测器	S≤30	h≤8	30	4.4	30	4.9	30	5.5
	S>30	h≤8	20	3.6	30	4.9	40	6.3

1.5 典型问题

- 某供电公司办公大楼属一类高层公共建筑（建筑高度 60m），建筑内未设置火灾自动报警系统，不符合《建筑设计防火规范》（GB 50016）中"其他一类高层公共建筑应设置火灾自动报警系统"的要求。
- 某供电公司 220kV 变电站 GIS 室长 62.6m，宽 15.3m，现场仅安装有 1 个手动报警按钮。不符合《火灾自动报警系统设计规范》（GB 50116）中"每个防火分区应至少设置一只手动火灾报警按钮。从一个防火分区内的任何位置到最邻近的手动火灾报警按钮的步行距离不应大于 30m"的要求。

2 室内外消火栓系统

2.1 评价内容及分值（见表 83）

表 83 评价内容及分值

评分内容	标准分	评价方法	评分标准
（1）变电站、换流站、发电厂站等应按照《电力设备典型消防规程》（DL 5027）13.7.1～13.7.3 及《火力发电厂与变电站设计防火标准》（GB 50229）11.5 的要求设置室内外消火栓系统。 （2）办公楼类建筑物应按照《建筑设计防火规范》（GB 50016）8.2 及《消防给水及消火栓系统技术规范》（GB 50974）的要求设置室内外消火栓系统。 （3）储能电站可参照《电化学储能电站设计规范》（GB 51048）11.2 及《预制舱式磷酸铁锂电池储能电站消防技术规范》（T/CEC 373）配置	10	对各个楼层及室外场所开展抽查，抽查数量不少于 5 处	（1）变电站、换流站等未按照要求设置消火栓系统的，不得分；设置了消火栓系统，但部分设置不符合规范要求的，每处扣 5 分；扣完为止。 （2）办公楼类建筑物未按照要求设置消火栓系统的，不得分；设置了消火栓系统，但部分设置不符合规范要求的，每处扣 5 分；扣完为止。 （3）储能站未按照规范配置室内外消火栓系统的，扣 5～10 分

2.2 条文内容解读

各级单位应按照《建筑设计防火规范》（GB 50016）、《消防给水及消火栓系统技术规范》（GB 50974）、《电力设备典型消防规程》（DL 5027）、《火力发电厂与变电站设计防火标准》（GB 50229）等标准要求，在生产、办公、经营、后勤等场所规范配置室内外消火栓系统，供水水量和水压应满足一次最大灭火用水需。

2.3 评价方法及评价重点

现场检查：

对照各级单位办公、生产、经营、后勤等场所建筑总平面图纸及建筑给排水竣工图纸，现场检查对应场所建筑内房间、走廊（检查数量不少于 5 处）是否按图纸要求部位、高度安装有室内、外消火栓及系统组件，所安装设备数量、高度、间距是否符合规范要求。

2.4　检查依据（见表84和表85）

表84		检　查　依　据
序号	依据文件	依据重点内容
1	《电力设备典型消防规程》（DL 5027）13.7.1、13.7.2、13.7.4	（1）变电站、换流站和开关站应设置消防给水系统和消火栓。消防水源应有可靠保证，同一时间按一次火灾考虑，供水水量和水压应满足一次最大灭火用水，用水量应为室外和室内（如有）消防用水量之和。 （2）变电站、开关站和换流站内的建筑物耐火等级不低于二级，体积不超过3000m³，且火灾危险性为戊类时，可不设消防给水。设有消防给水的变电站、换流站和开关站应设置带消防水泵、稳压设施和消防水池的临时（稳）高压给水系统，消防水泵应设置备用泵，备用泵流量和扬程不应小于最大一台消防泵的流量和扬程。 （3）变电站、换流站和开关站的下列建筑物应设置室内消火栓：地上变电站和换流站的主控通信楼、配电装置楼、继电器室、变压器室、电容器室、电抗器室、综合楼、材料库，地下变电站
2	《建筑设计防火规范》（GB 50016）8.2	下列建筑或场所应设置室内消火栓系统： （1）建筑占地面积大于300m²的厂房和仓库。 （2）高层公共建筑和建筑高度大于21m的住宅建筑；建筑高度不大于27m的住宅建筑，设置室内消火栓系统确有困难时，可只设置干式消防竖管和不带消火栓箱的DN65的室内消火栓。 （3）建筑高度大于15m或体积大于10000m³的办公建筑、教学建筑和其他单、多层民用建筑。 未规定的建筑或场所和应设置室内消火栓系统的下列建筑或场所可不设置室内消火栓系统，但宜设置消防软管卷盘或轻便消防水龙： （1）耐火等级为一、二级且可燃物较少的单、多层丁、戊类厂房（仓库）。耐火等级为三、四级且建筑体积不大于3000m³的丁类厂房； （2）耐火等级为三、四级且建筑体积不大于5000m³的戊类厂房（仓库）。 （3）远离城镇且无人值班的独立建筑。 （4）存有与水接触能引起燃烧爆炸的物品的建筑。 （5）室内无生产、生活给水管道室外消防用水取自储水池且建筑体积不大于5000m³的其他建筑。 （6）人员密集的公共建筑、建筑高度大于100m的建筑内应设置消防软管卷盘或轻便消防水龙

续表

序号	依据文件	依据重点内容
3	《消防给水及消火栓系统技术规范》(GB 50974) 7	（1）建筑室外消火栓应采用湿式消火栓系统。室内环境温度不低于 4℃，且不高于 70℃的场所，应采用湿式室内消火栓系统。室内环境温度低于 4℃或高于 70℃的场所，宜采用干式消火栓系统。 （2）干式消火栓系统的充水时间不应大于 5min，并应符合下列规定：在供水干管上宜设干式报警阀、雨淋阀或电磁阀、电动阀等快速启闭装置，当采用电动阀时开启时间不应超过 30s；当采用雨淋阀、电磁阀和电动阀时，在消火栓箱处应设置直接开启快速启闭装置的手动按钮；在系统管道的最高处应设置快速排气阀
4	《消防给水及消火栓系统技术规范》(GB 50974) 7.4.2	室内消火栓的配置应符合下列要求： （1）应采用 DN65 室内消火栓，并可与消防软管卷盘或轻便水龙设置在同一箱体内。 （2）应配置公称直径 65 有内衬里的消防水带，长度不宜超过 25.0m；消防软管卷盘应配置内径不小于 $\phi 19$ 的消防软管，其长度宜为 30.0m；轻便水龙应配置公称直径 25 有内衬里的消防水带，长度宜为 30.0m。 （3）宜配置当量喷嘴直径 16mm 或 19mm 的消防水枪，但当消火栓设计流量为 2.5L/s 时宜配置当量喷嘴直径 11mm 或 13mm 的消防水枪；消防软管卷盘和轻便水龙应配置当量喷嘴直径 6mm 的消防水枪
5	《电化学储能电站设计规范》(GB 51048)11.2.1、11.2.2、11.2.4	（1）电站内建筑物满足耐火等级不低于二级，体积不超 3000m³，且火灾危险性为戊类时，可不设消防给水。不满足以上条件时应设置消防给水系统，消防水源应有可靠保证。 （2）电站消防给水量应按火灾时最大一次室内和室外消防用水量之和计算。消防水池有效容量应满足最大一次用水量火灾时由消防水池供水部分的容量
6	《预制舱式磷酸铁锂电池储能电站消防技术规范》(T/CEC 373) 4.7.3	消防给水设计流量应按需要同时作用的水灭火系统最大设计流量之和确定。消防用水量按同一时间内的火灾起数和一起火灾灭火所需最大用水量计算
7	《火力发电厂与变电站设计防火标准》(GB 50229) 11.5	（1）下列变电站建筑应设置室内消火栓并配置喷雾水枪： 1）500kV 及以上的直流换流站的主控制楼。 2）220kV 及以上的高压配电装置楼（有充油设备）。 3）220kV 及以上户内直流开关场（有充油设备）。 4）地下变电站。 （2）水泵接合器应设置在便于消防车使用的地点，与供消防车取水的室外消火栓或消防水池取水口距离宜为 15～40m。水泵接合器应有永久性的明显标志。变电站消防给水量应按火灾时一次最大室内和室外消防用水量之和计算。 （3）具有稳压装置的临时高压给水系统应符合下列规定：

序号	依据文件	依据重点内容
7	《火力发电厂与变电站设计防火标准》（GB 50229）11.5	1）消防泵应满足消防给水系统最大压力和流量要求。 2）稳压泵的设计流量宜为消防给水系统设计流量的1%～3%，启泵压力与消防泵自动启泵的压力差宜为0.02MPa，稳压泵的启泵压力与停泵压力之差不应小于0.05MPa，系统压力控制装置所在处准工作状态时的压力与消防泵自动启泵的压力差宜为0.07～0.10MPa。 3）气压罐的调节容积应按稳压泵启泵次数不大于15次/h计算确定，气压罐的最低工作压力应满足任意最不利点的消防设施的压力需求。 （4）消防水泵房应设直通室外的安全出口，当消防水泵房设置在地下时，其疏散出口应靠近安全出口。 （5）一组消防水泵的吸水管不应少于2条；当其中一条损坏时，其余的吸水管应能满足全部用水量。吸水管上应装设检修用阀门。 消防水泵应采用自灌式吸水。 消防水泵房应有不少于2条出水管与环状管网连接，当其中一条出水管检修时，其余的出水管应能满足全部用水量。消防泵组应设试验回水管，并配装检查用的放水阀门、水锤消除、安全泄压及压力、流量测量装置。 消防水泵应设置备用泵，备用泵的流量和扬程不应小于最大一台消防泵的流量和扬程
8	《建设工程施工现场消防安全技术规范》（GB 50720）5.3.4	临时用房建筑面积之和大于1000m² 或在建工程单体体积大于10000m³ 时，应设置临时室外消防给水系统。当施工现场处于市政消火栓150m保护范围内，且市政消火栓的数量满足室外消防用水量要求时，可不设置临时室外消防给水系统

表85　　　　　　　　　　**室 内 消 火 栓 用 水 量**

建筑物名称	建筑高度 H（m）、体积 V（m³）、火灾危险性		消火栓用水量（I/S）	同时使用消防水枪数（支）	每根竖管最小流量（I/S）
控制楼、配电装置楼及其他生产类建筑	$H \leqslant 24$	丁、戊	10	2	10
		丙　$V \leqslant 5000$	10	2	10
		$V \geqslant 5000$	20	4	15
控制楼、配电装置楼及其他生产类建筑	$24 \leqslant H$	丁、戊	25	5	15
		丙	30	6	15
检修备品仓库	$H \leqslant 24$，丁、戊		10	2	10

2.5 典型问题

● 某供电公司供电所（2019 年投入使用）建筑高度 18m，未设置室内消火栓系统，不符合《建筑设计防火规范》（GB 50016）中"建筑高度大于 15m 或体积大于 10000m³ 的办公建筑、教学建筑和其他单、多层民用建筑应设置室内消火栓系统"的要求。

3 固定灭火系统

3.1 评价内容及分值（见表 86）

表 86 　　　　　　　　　　评 价 内 容 及 分 值

评分内容	标准分	评价方法	评分标准
（1）变电站、换流站、发电厂站等应按照《电力设备典型消防规程》（DL 5027）表 13.7.4 及《火力发电厂与变电站设计防火标准》（GB 50229）11.5.4 的要求设置固定灭火系统；油浸式变压器（单台容量 125MVA 及以上）、油浸式平波电抗器（单台容量 200Mvar 及以上）等均需设置固定灭火系统。（2）地下变电站还应在所有电缆层、电缆竖井和电缆隧道处设置线型感温、感烟及吸气式感烟探测器，在所有油浸式变压器和油浸式平波电抗器处设置火灾自动报警系统和细水雾、排油注氮、泡沫喷雾或固定式气体自动灭火装置。（3）办公楼类建筑物应按照《建筑设计防火规范》（GB 50016）8.3 及《自动喷水灭火系统设计规范》（GB 50084）的要求设置固定灭火系统。（4）储能电站可参照《电化学储能电站设计规范》（GB 51048）第 11 章及《预制舱式磷酸铁锂电池储能电站消防技术规范》（T/CEC 373）的要求配置	25	对各个房间及主变压器等充油设备开展抽查，抽查数量不少于 5 处，充油设备及消防安全重点部位全数检查	（1）变电站、换流站等未按要求设置固定灭火系统的，不得分；部分设置了固定灭火系统，但仍有不符合规范要求的部位或场所，每处扣 5 分，扣完为止。（2）地下变电站固定灭火系统配置不全的，每处扣 5 分，扣完为止。（3）办公楼类建筑物未按要求设置固定灭火系统的，不得分；部分设置了固定灭火系统，但仍有不符合规范要求的部位或场所，每处扣 5 分，扣完为止。（4）储能电站未按照规范配置自动灭火系统的，扣 10～20 分

3.2 条文内容解读

　　各级单位应按照《建筑设计防火规范》（GB 50016）、《火力发电厂与变电站设计防火标准》（GB 50229）等国家规范标准，在生产、办公、经营、后勤等场所规范设置固定灭火系统。

3.3　评价方法及评价重点

资料核查：

对照各级单位办公楼、变电站、换流站、发电厂站等建筑的固定灭火系统竣工图纸（建筑水喷雾自动灭火系统竣工图纸、细水雾自动灭火系统竣工图纸、自动喷水灭火系统竣工图纸、气体自动灭火系统竣工图纸、泡沫自动灭火系统竣工图纸、排油注氮系统竣工图纸、干粉自动灭火系统竣工图纸等）进行现场检查：

（1）单位办公楼、变电站、换流站、发电厂站等建筑是否按图纸要求部位安装有相应的固定灭火系统。

（2）单位油浸式变压器（单台容量 125MVA 及以上）、油浸式平波电抗器（单台容量 200Mvar 及以上）等设备是否按照图纸要求设置了相应的固定灭火系统（细水雾、排油注氮、泡沫喷雾或气体自动灭火装置），是否设置火灾自动报警系统。

（3）单位地下变电站是否配置固定灭火系统(检查变电站油浸式变压器和油浸式平波电抗器的火灾自动报警系统和固定灭火装置)。

（4）单位地下变电站电缆层、电缆竖井和电缆隧道是否设置线型感温电缆、感烟探测器或吸气式感烟探测器。

（5）单位储能电站是否按规定设置细水雾、气体等固定自动灭火系统。

3.4　检查依据（见表 87）

表 87　　　　　　　　　　**检 查 依 据**

序号	依据文件	依据重点内容
1	《电力设备典型消防规程》（DL 5027）表 13.7.4	（1）电缆层、电缆竖井和电缆隧道：无人值班站可设置悬挂式超细干粉、气溶胶或火探管灭火装置。 （2）油浸式平波电抗器（单台容量 200Mvar 及以上）：水喷雾、泡沫喷雾（缺水或严寒地区）或其他介质。 （3）油浸式变压器（无人变电站单台容量 125MVA 以上）：水喷雾、泡沫喷雾、排油注氮（缺水或严寒地区）或其他介质
2	《火力发电厂与变电站设计防火标准》（GB 50229）11.5.4	单台容量为 125MVA 及以上的油浸式变压器、200Mvar 及以上的油浸电抗器应设置水喷雾灭火系统或其他固定式灭火装置。其他带油电气设备，宜配置干粉灭火器

续表

序号	依据文件	依据重点内容
3	《建筑设计防火规范》（GB 50016）8.3	（1）除本规范另有规定和不宜用水保护或灭火的场所外，下列高层民用建筑或场所应设置自动灭火系统，并宜采用自动喷水灭火系统：一类高层公共建筑（除游泳池）及其地下、半地下室；二类高层公共建筑及其地下、半地下室的公共活动用房、走道、办公室和旅馆的客房、可燃物品库房、自动扶梯底部；建筑高度大于 100m 的住宅建筑。 （2）下列场所应设置自动灭火系统，并宜采用水喷雾灭火系统：单台容量在 40MVA 及以上的厂矿企业油浸变压器，单台容量在 90MVA 及以上的电厂油浸变压器，单台容量在 125MVA 及以上的独立变电站油浸变压器；充可燃油并设置在高层民用建筑内的高压电容器和多油开关室（设置在室内的油浸变压器、充可燃油的高压电容器和多油开关室，可采用细水雾灭火系统）。 （3）下列场所应设置自动灭火系统，并宜采用气体灭火系统：网局级及以上的电力等调度指挥中心内的通信机房和控制室；A、B 级电子信息系统机房内的主机房和基本工作间的已记录磁（纸）介质库；其他特殊重要设备室。 （4）餐厅建筑面积大于 1000m² 的餐馆或食堂，其烹饪操作间的排油烟罩及烹饪部位应设置自动灭火装置，并应在燃气或燃油管道上设置与自动灭火装置联动的自动切断装置
4	《电化学储能电站设计规范》（GB 51048）11	建筑物灭火器配置应符合《建筑灭火器配置设计规范》（GB 50140）3.2 的有关规定，电池室危险等级应为严重危险级
5	《预制舱式磷酸铁锂电池储能电站消防技术规范》（T/CEC 373）	电池预制舱内应设置细水雾、气体等固定自动灭火系统，灭火系统类型、技术参数应经《预制舱式磷酸铁锂电池储能电站消防技术规范》（T/CEC 373）附录 A 电力储能用模块级磷酸铁锂电池实体火灾模拟实验验证。为确定系统涉及参数的实体火灾模拟试验应由国家授权的机构实施

3.5　典型问题

● 某供电公司 2021 年投运的 220kV 变电站（单台变压器容量 180MVA）未设置主变压器固定灭火系统（水喷雾、细水雾、排油注氮、泡沫喷雾或其他自动灭火装置），不符合《建筑设计防火规范》（GB 50016）中"单台容量在 125MVA 及以上的独立变电站油浸变压器应设置自动灭火系统"的要求。

十五、消防器材及设施管理

1　消防器材

1.1　评价内容及分值（见表88）

表88　　　　　　　　　　　评 价 内 容 及 分 值

评分内容	标准分	评价方法	评分标准
（1）不得使用达到报废条件、报废期限的灭火器；符合规定维修条件、期限的已送修，维修标志符合规定；一次送修数量不得超过计算单元配置灭火器总数量的1/4，超出时，要选择相同类型、相同操作方法的灭火器替代，且其灭火级别不得小于原配置灭火器的级别。（2）正压式呼吸器的空气瓶要按气瓶上规定的标记日期使用，定期进行检验，每三年进行一次水压试验检验，合格后方可使用，试验记录放置呼吸器箱内。（3）自救呼吸器的贮存期未超过有效使用期。（4）应对站内或建筑内的消防器材建立台账，记录各类消防器材的必要信息，如出厂时间、下次检验时间等	40	查阅设计文件、3C 标志和证书、台账、维修和报废记录等；对照设计文件，至少抽查 2 个防火分区，必须包含所有消防安全重点部位	（1）灭火器未按照要求进行维修管理的，每处扣 5 分。（2）正压式呼吸器的空气瓶未按照要求进行试验检验，或试验记录不完整，每处扣 5 分。（3）自救呼吸器的贮存期超过有效使用期，每处扣 5 分。（4）消防台账未记录各类消防器材的必要信息的，每少一处扣 10 分；没有台账不得分

1.2　条文内容解读

各级单位应按照《建筑灭火器配置验收及检查规范》（GB 50444）、《建筑火灾逃生避难器材》（GB 21976）等国家规范要求，建立消防器材台账，定期开展消防器材维护保养、检测试验，并按时报废，确保消防器材有效性可用性。

1.3 评价方法及评价重点

根据建筑物消防设计文件、总平面图纸、消防车道流线图等进行资料核查：

（1）查阅各级单位建筑内消防器材台账，是否记录各类消防器材的必要信息，如出厂时间、检验时间等。

（2）查阅各级单位灭火器日常保养记录是否齐全，是否按时对达到报废条件、报废期限的灭火器进行报废回收（至少抽查办公场所、变电站、后勤场所、营业厅各两处）。

（3）查阅各级单位灭火器检修或日常损坏送修记录是否具备检修数量、检修时间等信息。

现场检查：

（1）现场检查维修过的灭火器3C标志、维修合格证是否完好有无损坏。

（2）现场检查年度维修的灭火器张贴的维修合格证是否注明维修编号、水压试验压力、维修日期或下一次维修时间、厂家名称及地址等信息。

（3）现场检查正压式呼吸器是否按规定进行定期的水压试验检验，试验记录是否齐全。是否超过产品厂家规定的有效期使用。

（4）现场检查自救呼吸器是否超过产品厂家规定的有效期使用。

1.4 检查依据（见表89）

表89 检 查 依 据

序号	依据文件	依据重点内容
1	《建筑灭火器配置验收及检查规范》（GB 50444）5.1	（1）灭火器的检查与维护应由相关技术人员承担。每次送修的灭火器数量不得超过计算单元配置灭火器总数量的1/4。超出时，应选择相同类型和操作方法的灭火器替代，替代灭火器的灭火级别不应小于原配置灭火器的灭火级别。 （2）检查或维修后的灭火器均应按原设置点位置摆放。 （3）需维修、报废的灭火器应由灭火器生产企业或专业维修单位进行
2	《建筑火灾逃生避难器材 第7部分：过滤式消防自救呼吸器》（GB 21976.7）	按照《建筑火灾逃生避难器材 第7部分：过滤式消防自救呼吸器》（GB 21976.7）要求的形式、型号、技术要求、试验方法、检验规则、标志、包装、运输、储存的规定配置维护消防自救呼吸器

续表

序号	依据文件	依据重点内容
3	《建筑灭火器配置验收及检查规范》(GB 50444) 2.2.1	灭火器的进场检查应符合下列要求： （1）灭火器应符合市场准入的规定，并应有出厂合格证和相关证书。 （2）灭火器的铭牌、生产日期和维修日期等标志应齐全。 （3）灭火器的类型、规格、灭火级别和数量应符合配置设计要求。 （4）灭火器筒体应无明显缺陷和机械损伤。 （5）灭火器的保险装置应完好。 （6）灭火器压力指示器的指针应在绿区范围内。 （7）推车式灭火器的行驶机构应完好

1.5　典型问题

- 某供电公司楼道内配置的干粉灭火器已使用 11 年，超过报废期限（10 年）。
- 某供电公司信息机房 2017 年配置的正压式空气呼吸器至今未对空气瓶进行水压试验（应每 3 年进行一次）。

2　消防设施

2.1　评价内容及分值（见表 90）

表 90　　　　　　　　　评 价 内 容 及 分 值

评分内容	标准分	评价方法	评分标准
（1）建筑消防设施维护保养应制定计划，列明消防设施的名称、维护保养的内容和周期，维保工作按要求执行。 （2）消防设施维护管理单位应与消防设备生产厂家、消防设施施工安装企业或符合《消防技术服务机构从业条件》的有维修、保养能力的单位签订消防设施维修、保养合同。	60	查阅最近1年的检测报告、合同、证书等证明文件	（1）建筑消防设施维护保养未制定计划，或未列明消防设施的名称、维护保养的内容和周期，或维保工作未按要求执行，每项扣5~10分。 （2）维保单位不符合从业条件的，不得分。

评分内容	标准分	评价方法	评分标准
（3）从事建筑消防设施保养的人员，应取得消防设施操作员国家职业资格证书，持有《建构筑物消防员》中级或《消防设施操作员》四级或以上等级职业资格证书。 （4）凡依法需要计量检定的建筑消防设施所用称重、测压、测流量等计量仪器仪表以及泄压阀、安全阀等，应按照规定进行定期校验并提供有效证明文件。 （5）实施建筑消防设施的维护保养时，应填写《建筑消防设施维护保养记录表》并进行相应功能试验。 （6）对建筑消防设施每年至少进行一次全面检测，检测记录应当完整准确，存档备查。 （7）从事建筑消防设施检测的人员，应当通过消防行业特有工种职业技能鉴定，持有相应等级职业资格证书。 （8）建筑消防设施检测应按《建筑消防设施检测技术规程》（XF503）的要求进行，并如实填写《建筑消防设施检测记录表》的相关内容	60	查阅最近1年的检测报告、合同、证书等证明文件	（3）建筑消防设施保养的人员不具备从业能力的，或未获取相应资格证书或资格等级不足的，每项扣10分。 （4）计量仪器仪表及泄压阀、安全阀等，未按规定进行定期校验，或未提供有效证明文件，每项扣5分。 （5）实施建筑消防设施的维护保养时未进行功能试验或试验记录不全的，每缺少一项扣5分；维护保养记录表填写不规范的，每项扣5分。 （6）建筑消防设施未一年进行一次全面检测，扣40分；检测记录不完整不准确，每项扣5分。 （7）从事建筑消防设施检测的人员不具备从业条件要求，未持有相应职业资格证书或证书等级不足的，每人扣10分

2.2　条文内容解读

各级单位应按照国家规范标准、公司要求，建立消防设施台账，定期开展消防设施维护保养、检测试验，并留存工作记录、检验报告等资料；严格规范各类消防维保检测项目业务外委管理，确保消防技术外委服务合法合规。

2.3　评价重点

资料核查：

（1）查阅各级单位消防设施维保管理情况，火灾自动报警系统、室内外消火栓系统、固定灭火系统及其他固定消防设施维护保养计划中是否列明消防设施的名称、维护保养的内容和周期，维保工作记录是否完整。是否填写建筑消防设施维护保养记录表，是否进行相应功能试验。

（2）查阅各级单位建筑消防设施维保检测情况，是否符合建筑消防设施每年至少检测一次，检测对象包括全部设备、组件等；查阅建筑消防设施年度检测报告存档文件，是否包含全部建筑内消防设施，检测时出现的问题是否及时完成整改并重新检测、记录。

（3）查阅各级单位负责消防设施维护的消防设施技术服务（维保、检测）单位、人员资质合法合规情况（与消防设施维保单位签订的消防设施维修保养合同、消防设施维保单位的相应资质复印件等文件资料），人员职业资格证书复印件是否与现场上岗人员一致，上岗人员是否持有"建构筑物消防员"中级或"消防设施操作员"四级或以上等级职业资格证书（国家消防设施维保单位资质查询网站：https://shhxf.119.gov.cn）；取得国家消防资质的同时是否在属地消防技术服务机构（消防信息管理系统）进行备案。

2.4 检查依据（见表91）

表 91　　　　　　　　　　检　查　依　据

序号	依据文件	依据重点内容
1	《建筑消防设施的维护管理》（GB 25201）7、9	（1）建筑消防设施应每年至少检测一次，检测对象包括全部设备、组件等，设有自动消防系统的人员密集场所，易燃易爆单位以及其他一类高层公共建筑等消防安全重点单位，应自系统投入运行后每一年底前，将年度检测记录报当地公安机关消防机构的备案。 （2）在重大的节日，重大的活动前或者期间，应根据当地公安机关消防机构的要求对建筑消防设施进行检测。 （3）建筑消防设施维护保养应制定计划，列明消防设施的名称、维护保养的内容和周期。应按有关规定进行定期校验并提供有效证明文件。 （4）单位应储备一定数量的建筑消防设施易损件或与有关产品厂家、供应商签订相关合同，以保证供应。实施建筑消防设施的维护保养时，应填写《建筑消防设施维护保养记录表》并进行相应功能试验

续表

序号	依据文件	依据重点内容
2	《建筑消防设施检测技术规程》（XF 503）	（1）各消防设施的组件和设备应符合设计选型，并应具有出厂产品合格证，消防产品应具有符合法定市场准入规则的证明文件。灭火剂应在有效期内。 （2）各消防设施的组件、设备的永久性铭牌和按规定设置的标志，其文字和数据应齐全、符号应清晰、色标应正确。 （3）系统组件、设备、管道、线槽、支吊架等应完好无损、无锈蚀，设备、管道应无泄漏现象，导线和电缆的连接、绝缘性能、接地电阻等应符合设计要求。 （4）检测用的仪器、仪表等，应按国家现行有关规定计量检定合格
3	《社会消防技术服务管理规定》（应急管理部令第7号）第五条	（1）从事消防设施维护保养检测的消防技术服务机构应当具备下列条件：取得企业法人资格；工作场所建筑面积不少于 200m²；消防技术服务基础设备和消防设施维护保养检测设备配备符合有关规定要求；注册消防工程师不少于 2 人，其中一级注册消防工程师不少于 1 人；取得消防设施操作员国家职业资格证书的人员不少于 6 人，其中中级技能等级以上的不少于 2 人；健全的质量管理体系。 （2）从事消防安全评估的消防技术服务机构应当具备下列条件：取得企业法人资格；工作场所建筑面积不少于 100m²；消防技术服务基础设备和消防安全评估设备配备符合有关规定要求；注册消防工程师不少于 2 人，其中一级注册消防工程师不少于 1 人；健全的消防安全评估过程控制体系。 （3）同时从事消防设施维护保养检测、消防安全评估的消防技术服务机构应当具备下列条件：取得企业法人资格；工作场所建筑面积不少于 200m²；消防技术服务基础设备和消防设施维护保养检测、消防安全评估设备配备符合规定的要求；注册消防工程师不少于 2 人，其中一级注册消防工程师不少于 1 人；取得消防设施操作员国家职业资格证书的人员不少于 6 人，其中中级技能等级以上的不少于 2 人；健全的质量管理和消防安全评估过程控制体系

2.5 典型问题

● 某供电公司委托的消防设施维保单位不满足国家从事消防设施维护保养检测从业条件，进行消防设施、器材维保的人员未取得消防设施操作员国家职业资格证书。

十六、消防器材功能

1　灭火器

1.1　评价内容及分值（见表92）

表92　　　　　　　　　　　评价内容及分值

评分内容	标准分	评价方法	评分标准
（1）灭火器的位置和铭牌：灭火器的摆放应稳固。 （2）灭火器有效期：灭火器应在有效期和报废年限内；二氧化碳灭火器重量应与铭牌标示一致。 （3）灭火器铭牌或灭火器维修的合格证情况：灭火器铭牌或灭火器维修合格证应清晰，无残缺。 （4）灭火器筒体及组件：灭火器筒体应无明显锈蚀和凹凸损伤，手柄、插销、铅封、压力表等组件应齐全完好，无松动、脱落或损伤。 （5）喷射软管情况：喷射软管应完好，无龟裂，喷嘴无堵塞。 （6）压力表指针范围：压力表指针应在绿色区域范围内	5	至少抽查2个防火分区，必须包含所有消防安全重点部位	（1）灭火器的位置摆放未按照要求，每个扣1分。 （2）灭火器超过有效期或报废年限；二氧化碳灭火器重量与铭牌标示不一致，每个扣2分。 （3）灭火器铭牌或灭火器维修合格证缺失或不清晰，每个扣1分。 （4）灭火器筒体及组件有明显锈蚀和凹凸损伤，或组件不齐全，有松动、脱落或损伤，每个扣1分。 （5）喷射软管不完好，有龟裂，或喷嘴堵塞，每个扣1分。 （6）压力表指针不在绿色区域范围，每个扣3分

1.2　条文内容解读

各级单位配置的灭火器筒体及组件的各项铭牌标志、外观形态、功能参数等应符合《建筑灭火器配置验收及检查规范》（GB 50444）等国家规范要求，并确保灭火器各项功能正常。

1.3 评价方法及评价重点

现场检查：

（1）现场检查灭火器压力表指针是否在绿色区域范围内。

（2）现场检查灭火器使用年限是否在有效期、年度检测期限和报废年限期限内。

（3）现场检查灭火器铭牌信息是否完整（至少办公场所、变电站、后勤场所、营业厅各两处）。

（4）现场检查灭火器合格证及维修保养记录是否清晰有无残缺（至少抽查办公场所、变电站、后勤场所、营业厅各两处）。

（5）现场检查灭火器筒体及组件是否完好无损坏（现场抽查喷射软管是否完好，压力是否符合标准）。

1.4 检查依据（见表93）

表93   检 查 依 据

序号	依据文件	依据重点内容
1	《建筑灭火器配置验收及检查规范》（GB 50444）2.2.1	灭火器的进场检查应符合下列要求： （1）灭火器应符合市场准入的规定，并应有出厂合格证和相关证书。 （2）灭火器的铭牌、生产日期和维修日期等标志应齐全。 （3）灭火器的类型、规格、灭火级别和数量应符合配置设计要求。 （4）灭火器筒体应无明显缺陷和机械损伤。 （5）灭火器的保险装置应完好。 （6）灭火器压力指示器的指针应在绿区范围内。 （7）推车式灭火器的行驶机构应完好
2	《建筑灭火器配置验收及检查规范》（GB 50444）5.2.1、表C	配置检查： （1）灭火器是否放置在配置图表规定的设置点位置。 （2）灭火器的落地、托架、挂钩等设置方式是否符合配置设计要求。手提式灭火器的挂钩、托架安装后是否能承受一定的静载荷，并不出现松动、脱落、断裂和明显变形。 （3）灭火器的铭牌是否朝外，并且器头宜向上。

续表

序号	依据文件	依据重点内容
2	《建筑灭火器配置验收及检查规范》（GB 50444）5.2.1、表 C	（4）灭火器的类型、规格、灭火级别和配置数量是否符合配置设计要求。 （5）灭火器配置场所的使用性质，包括可燃物的种类和物态等，是否发生变化。 （6）灭火器是否达到送修条件和维修期限。 （7）灭火器是否达到报废条件和报废期限。 （8）室外灭火器是否有防雨、防晒等保护措施。 （9）灭火器周围是否存在有障碍物、遮挡、拴系等影响取用的现象。 （10）灭火器箱是否上锁，箱内是否干燥、清洁。 （11）特殊场所中灭火器的保护措施是否完好。 外观检查： （1）灭火器的铭牌是否无残缺，并清晰明了。 （2）灭火器铭牌上关于灭火剂、驱动气体的种类、充装压力、总质量、灭火级别、制造厂名和生产日期或维修日期等标志及操作说明是否齐全。 （3）灭火器的铅封、销闩等保险装置是否未损坏或遗失。 （4）灭火器的筒体是否无明显的损伤（磕伤、划伤）、缺陷、锈蚀（特别是筒底和焊缝）、泄漏。 （5）灭火器喷射软管是否完好、无明显龟裂，喷嘴不堵塞。 （6）灭火器的驱动气体压力是否在工作压力范围内（贮压式灭火器查看压力指示器是否指示在绿区范围内，二氧化碳灭火器和储气瓶式灭火器可用称重法检查）。 （7）灭火器的零部件是否齐全，并且无松动、脱落或损伤现象。 （8）灭火器是否未开启、喷射过

1.5　典型问题

- 某供电公司办公楼一具灭火器软管老化破损。不符合《建筑灭火器配置验收及检查规范》（GB 50444）中"灭火器喷射软管是否完好、无明显龟裂、喷嘴不堵塞"的规定。
- 某供电公司办公楼一具灭火器压力表指针指向红色区域，压力不足。不符合《建筑灭火器配置验收及检查规范》（GB 50444）中"灭火器压力指示器的指针应在绿区范围内"的规定。

2 正压式空气呼吸器

2.1 评价内容及分值（见表 94）

表 94 评价内容及分值

评分内容	标准分	评价方法	评分标准
（1）空气瓶压缩空气储存不少于5.0MPa。 （2）空气瓶外观无磕碰、变形等损伤，面罩外观形态正常	10	检查外观	（1）空气瓶压缩空气储存不符合要求，每具扣 3 分。 （2）空气瓶外观有损伤，面罩外观形态不正常，每具扣 3 分

2.2 条文内容解读

各级单位正压式空气呼吸器应符合国家规范、标准要求，保证正压式空气呼吸器功能完备、外观完好、技术资料齐备。

2.3 评价方法及评价重点

现场检查：

现场检查正压式空气呼吸器气瓶内压缩空气储存是否符合标准，压力是否正常；外观是否完好，面罩形态是否正常。

2.4 检查依据（见表 95）

表 95 检 查 依 据

序号	依据文件	依据重点内容
1	《正压式消防空气呼吸器》（XF 124）5、8	（1）呼吸器的压力表外壳应有橡胶防护套，量程的最低值为 0，最高值不应小于 35MPa，精度不应低于 1.6 级，最小分格值不应大于 1MPa，在暗淡或黑暗的环境下应能读出压力指示值。 （2）呼吸器的全面罩、供气阀、减压器、警报器、中压导气管、背具、气瓶、气瓶瓶阀上应有型号及供应商名称或注册商标。

续表

序号	依据文件	依据重点内容
1	《正压式消防空气呼吸器》（XF 124）5、8	（3）每台呼吸器的背具上应有以下标志内容：制造商名称；产品名称及规格型号；生产日期和批号；认证标志。 （4）每台呼吸器应有固定的包装箱，包装箱应具有防震、防压的功能。包装箱的明显处应有以下标志内容：制造商名称、地址；产品名称及型号；生产日期和批号；产品执行标准的代号。 （5）包装箱内应有使用维护手册、装箱单、合格证、备件及工具。使用维护手册应有以下内容：使用方法和安全注意事项；维修、消毒、存贮及检查方面的指导；故障、原因和排除方法；气瓶内空气成分的说明；其他必要的说明。 （6）呼吸器应在清洁、干燥、通风良好的贮存室中存放，产品在贮存时应装入包装箱内，避免阳光长时间的曝晒，不得与油、酸、碱或其他对产品有腐蚀性的物质一起贮存，严禁重压

3　过滤式自救呼吸器

3.1　评价内容及分值（见表 96）

表 96　　　　　　　　　　**评价内容及分值**

评分内容	标准分	评价方法	评分标准
（1）真空包装袋完好。 （2）外观无挤压变形情况	5	外观检查	（1）过滤式自救呼吸器包装袋不完好，每具扣 1 分。 （2）过滤式自救呼吸器外观变形，每具扣 3 分

3.2　条文内容解读

各级单位过滤式自救呼吸器应符合国家规范、标准要求，保证过滤式自救呼吸器功能完备、外观完好、技术资料齐备。

3.3 评价方法及评价重点

现场检查：

过滤式空气呼吸器真空包装是否完好，有无挤压情况（抽查包装箱内有无装箱单、产品合格证和产品使用说明书等文件）。

3.4 检查依据（见表97）

表97　　　　　　　　　　　　检 查 依 据

序号	依据文件	依据重点内容
1	《建筑火灾逃生避难器材　第7部分：过滤式消防自救呼吸器》（GB 21976.7）8.2	产品包装时，应有防止搬运过程中因碰撞造成损伤的措施；包装箱内应有装箱单、产品合格证和产品使用说明书等文件

十七、消防设施功能

1 火灾自动报警系统

1.1 评价内容及分值（见表98）

表98　　　　　　　　评 价 内 容 及 分 值

评分内容	标准分	评价方法	评分标准
（1）火灾报警控制器： 1）控制器应安装牢固，不应倾斜。 2）控制器的主电源应有明显的永久性标识，并应直接与消防电源连接，严禁使用电源插头；控制器与其外接备用电源之间应直接连接；控制器的接地应牢固，并有明显的永久性标识。 3）火灾报警控制器声、光、显示器件、指示灯功能正常，系统显示时钟与北京时间无误差，打印机处于开启状态。	30	现场检查测试	（1）火灾报警控制器未按照规定状态投入运行的，扣15分。 （2）火灾报警控制器、火灾探测器、手动报警按钮等各类系统设备安装不规范的每处扣2分；处于故障状态的，每处扣4分。

续表

评分内容	标准分	评价方法	评分标准
4）火警、监管、故障、屏蔽指示灯应处于熄灭状态，控制器应处于无火灾报警、监管报警、故障报警状态，控制器未屏蔽有关火灾探测器等。 5）消防控制中心系统主机的通信指示灯应处于绿色闪亮或常亮状态，主机与从机间通信应无故障。 6）查看电源故障指示灯状态，控制器电源应处于正常状态。 （2）火灾探测器： 1）火灾探测器表面应无影响探测功能的障碍物，如被涂料、胶带纸、防尘罩等覆盖或堵塞；火灾探测器周围应无影响探测器及时报警的障碍物，如突出顶棚的装修隔断、空调出风口等。 2）线性感温火灾探测器在保护电缆、堆垛等类似保护对象时，应采用接触式布置。 3）线性红外光束感烟火灾探测器发射器和接收器之间的光路上应无遮挡物或干扰。 4）火焰探测器和图像型探测器探测视角内不应有遮挡物，并应避免光源直接照射在探测器的探测窗口上。 5）吸气式感烟火灾探测器的采样管应牢固安装在过梁、支架等建筑结构上；采样管和采样孔应设置明显的火灾探测器标识。 6）具有巡检指示功能的火灾探测器，其巡检指示灯应正常闪亮。 （3）手动火灾报警按钮： 1）标识应清晰，面板无破损。 2）具有巡检指示功能的手动火灾报警按钮，其指示灯应正常闪亮。 3）带有电话插孔的手动火灾报警按钮，其保护措施应完好、插孔内无影响通话的杂物；周围不存在影响辨识和操作的障碍物。	30	现场检查测试	（3）相关灭火、防排烟、水泵等消防设施控制功能未接入或接入不符合规范要求的，每项扣 10 分，最多扣 20 分。 （4）联动自动灭火系统故障的，每项扣 10 分，最多扣 20 分。

评分内容	标准分	评价方法	评分标准
（4）火灾显示盘和火灾警报装置： 1）火灾显示盘应处于正常工作状态，工作状态指示灯应处于绿色点亮状态，周边不存在影响观察的障碍物。 2）火灾警报装置周围不存在影响观察、声音传播的障碍物。 （5）切断主电源，查看备用电源自动投入和主、备电源的状态显示情况。 （6）触发火灾报警控制器自检键，对面板所有指示灯、显示器和音响器件进行功能自检，自检功能正常。 （7）模拟火灾探测器、手动火灾报警按钮断路故障，查看故障显示，故障应正常显示。 （8）向火灾探测器施放烟气或加热（火焰探测器需使用专用报警信号发生器，图像型火灾探测器需使用酒精灯），火灾报警控制器的火警信号、报警部位应显示及记录，同时火灾显示盘的显示应显示火灾报警；手动复位火灾报警控制器后，核查火灾探测器报警确认灯在复位前后的变化，火灾探测器报警确认灯变化应正常。 （9）触发手动火灾报警按钮，查看火灾报警控制器火警信号显示和按钮的报警确认灯应正常显示；先后复位手动按钮和火灾报警控制器，查看火灾报警控制器火警信号显示和按钮的报警确认灯情况，信号显示应正常。 （10）测量火灾警报装置声警报的声压级，具有光警报功能的光警报功能正常	30	现场检查测试	（5）如遇火灾报警控制器故障、屏蔽等情况，已及时采取措施（对照值班记录）可不扣分

1.2 条文内容解读

各级单位火灾自动报警系统应符合《火灾自动报警系统施工及验收标准》（GB 50166）、《火灾自动报警系统设计规范》（GB 50116）等标准、规范要求，火灾自动报警系统的系统部件、电源配置、运行状态、报警和控制信号等应功能正常。

1.3 评价方法及评价重点

现场测试：

（1）现场测试火灾报警系统供电是否满足要求，包括但不限于：其配电线路最末一级配电箱处应能自动切换；主、备电切换功能应正常，火灾报警控制器应显示主、备电源状态。

（2）现场测试火灾报警系统运行是否满足要求（对火灾自动报警系统的报警控制器、探测器、手动火灾报警按钮、火灾显示盘和火灾警报装置等配套设施进行综合测试），包括但不限于：火灾报警系统应具备报警记忆、显示、自检、火警优先、故障报警、消音复位等功能；运行中的火灾探测器各类模块等应处于正常巡检状态；火灾报警系统主机的通信指示灯应处于绿色闪亮或常亮状态；火灾探测器在烟气或加热等作用下应启动报警确认灯，火警信号应优先于故障信号。控制器不应屏蔽有关火灾探测器等信号。

1.4 检查依据（见表99）

表99 检 查 依 据

序号	依据文件	依据重点内容
1	《火灾自动报警系统施工及验收标准》（GB 50166）3.3、4	（1）火灾报警控制器：控制器应安装牢固，不应倾斜；安装在轻质墙上时，应采取加固措施；落地安装时，其底边宜高出地（楼）面 100～200mm。 （2）控制器的主电源应有明显的永久性标识，并应直接与消防电源连接，严禁使用电源插头；控制器与其外接备用电源之间应直接连接。 （3）控制器的接地应牢固，并有明显的永久性标识；火灾报警控制器声、光、显示器件、指示灯功能正常，系统显示时钟与北京时间无误差，打印机处于开启状态。 （4）火警、监管、故障、屏蔽指示灯应处于熄灭状态，控制器应处于无火灾报警、监管报警、故障报警状态，控制器未屏蔽有关火灾探测器等。 （5）消防控制中心系统主机的通信指示灯应处于绿色闪亮或常亮状态，主机与从机间通信应无故障。 （6）应对火灾显示盘的电源故障报警功能进行检查并记录，火灾显示盘的电源故障报警功能应符合：火灾探测器、可燃气体探测器、电气火灾监控探测器等探测器发出报警信号或处于故障状态时，控制类设备应发出声、光报警信号，记录报警时间。

续表

序号	依据文件	依据重点内容
1	《火灾自动报警系统施工及验收标准》（GB 50166）3.3、4	（7）控制器应显示发出报警信号部件或故障部件的类型和地址注释信息。 （8）火灾探测器：火灾探测器表面应无影响探测功能的障碍物，如被涂料、胶带纸、防尘罩等覆盖或堵塞；火灾探测器周围应无影响探测器及时报警的障碍物，如突出顶棚的装修隔断、空调出风口等；线性感温火灾探测器在保护电缆等类似保护对象时，应采用接触式布置；线性红外光束感烟火灾探测器发射器和接收器之间的光路上应无遮挡物或干扰；火焰探测器和图像型探测器探测视角内不应有遮挡物，并应避免光源直接照射在探测器的探测窗口上；吸气式感烟火灾探测器的采样管应牢固安装在过梁、支架等建筑结构上；采样管和采样孔应设置明显的火灾探测器标识；具有巡检指示功能的火灾探测器，其巡检指示灯应正常闪亮。 （9）手动火灾报警按钮：标识应清晰，面板无破损；具有巡检指示功能的手动火灾报警按钮，其指示灯应正常闪亮；带有电话插孔的手动火灾报警按钮，其保护措施应完好、插孔内无影响通话的杂物；周围不存在影响辨识和操作的障碍物。 （10）火灾显示盘和火灾警报装置：火灾显示盘应处于正常工作状态，工作状态指示灯应处于绿色点亮状态，周边不存在影响观察的障碍物；火灾警报装置周围不存在影响观察、声音传播的障碍物。 （11）控制与显示类设备的引入线缆应符合下列规定：配线应整齐，不宜交叉，并应固定牢靠；线缆芯线的端部均应标明编号，并应与设计文件一致，字迹应清晰且不易褪色；端子板的每个接线端接线不应超过 2 根；线缆应留有不小于 200mm 的余量；线缆应绑扎成束；线缆穿管、槽盒后，应将管口、槽口封堵。控制与显示类设备应与消防电源、备用电源直接连接，不应使用电源插头，主电源应设置明显的永久性标识。 （12）火灾探测器、可燃气体探测器、电气火灾监控探测器等探测器发出报警信号或处于故障状态时，控制类设备应发出声、光报警信号，记录报警时间。控制器应显示发出报警信号部件或故障部件的类型和地址注释信息，且显示的地址注释信息应符合标准要求

1.5 典型问题

- 某供电公司办公楼内感烟探测器安装位置距离空调出风口过近，空调开启后影响探测器报警灵敏度，不符合《火灾自动报警系统设计规范》（GB 50116）中"点型探测器至空调送风口边的水平距离不应小于1.5m"的要求。
- 某供电公司办公楼消控室内火灾自动报警系统主机与消防电源采用插头连接，不符合《火灾自动报警系统施工及验收标准》（GB 50166）中"控制与显示类设备应与消防电源、备用电源直接连接，不应使用电源插头"的要求。

2 室内外消火栓系统

2.1 评价内容及分值（见表 100）

表 100 　　　　　　　　　　评 价 内 容 及 分 值

评分内容	标准分	评价方法	评分标准
（1）消防给水设施功能： 1）深井泵应能自动启动（井水纳入消防水源计算时）。 2）消防水泵主备电源切换、手动自动启泵正常。 3）稳压泵主备电源切换、手动自动启泵正常，启停次数不大于15次/h。 4）消防水泵的流量和压力应符合设计值。 5）稳压泵的启泵压力应符合设计值。 6）气压水罐的压力和有效容积应符合设计值。 7）减压阀的流量和压力应符合设计值。 8）电动阀和电磁阀的供电和启闭性能正常。 （2）室外消防管网： 1）室内外消火栓管网应畅通，阀门应常开。 2）消火栓前后进出口管网压力应符合现规范要求。 3）非埋地安装的管网应采取防冻措施。	10	现场检查测试	（1）系统无法运行的，不得分；虽然采取措施，但是供水功能无法满足正常设计功能的，扣5分。 （2）现场水泵控制柜切换开关未按照要求投入自动运行的，扣5分。

续表

评分内容	标准分	评价方法	评分标准
（3）室外消火栓： 1）消火栓规格、数量和设置位置应符合规范要求。 2）消火栓不应被遮挡，圈占和埋压。 3）消火栓安装牢固，组件完整，开关灵活，外观质量符合要求。 4）消火栓供水压力从地面算起不应小于 0.10MPa。 （4）室内消火栓和室内消火栓箱： 1）室内消火栓箱安装应牢固应有明显标志，箱内配件应齐全，箱门开关灵活。 2）室内消火栓不应被遮挡、圈占。 3）室内消火栓栓口的安装位置应能保证水带与栓口连接方便；安装高度、栓口垂直墙面向外或向下。 （5）消火栓系统功能： 1）静水压力不应低于 0.10MPa。 2）消火栓栓口动压力不应大于0.50MPa，当大于 0.70MPa 时必须设置减压装置。 3）消火栓动压试验压力应符合相关要求；消防水泵由出水干管上设置的压力开关、高位消防水箱出水管上的流量开关等信号应直接自动启动，消防联动控制装置应能接收其反馈信号	10	现场检查测试	（3）主备电切换、主备泵切换等系统功能不满足要求的，每处扣 5 分。 （4）系统水压不足、管网腐蚀或单个元器件故障的，每处扣 2 分

2.2 条文内容解读

各级单位室内外消火栓系统应符合《火力发电厂与变电站设计防火标准》（GB 50229）、《消防给水及消火栓系统技术规范》（GB 50974）等标准、规范要求，室内外消火栓系统的给水设施、管道阀门、设备装置等功能应运行正常，供水水量和水压应满足一次最大灭火用水需求。

2.3 评价方法及评价重点

现场检查：

通过现场检查、测试等方式，查看室内外消防给水设施功能，室外消防管网、室外消火栓，室内消火栓和室内消火栓箱，消火栓系统功能，消火栓系统外观标识、管网压力、运行工况、联动控制等是否符合规范要求，各项功能是否正常。

（1）现场检查室内外消火栓系统设备、管道、阀门等是否按照图纸位置安装，安装是否牢固，支吊架是否完好无损、无锈蚀，设备、管道是否有泄漏现象。

（2）现场检查消防泵房是否有明确的标识，开向建筑内的防火门是否为甲级防火门，消防水泵是否有注明系统名称和编号的标志牌，进出口阀门是否符合要求，且有常开或常闭标志牌，消防泵控制箱柜、双电源柜、巡检柜是否处于自动工作状态，消防泵控制柜的启动按钮是否有与消防水泵相对应的编号，是否设置应急照明灯具和疏散指示标志，应急照明灯具启动后，其工作面的照度不应低于正常照明时的照度。

（3）现场检查消防水箱间是否有明确的标识，稳压泵是否有注明系统名称和编号标志牌和常开或常闭标志牌，稳压泵控制柜是否处于自动工作状态，稳压泵控制柜上启动按钮是否有与稳压泵相对应的编号，消防水箱出水管上是否设置流量开关且流量开关是否正常，稳压泵启停次数是否大于 15 次/h。

（4）现场检查消防水泵房、屋顶水箱间的供电，其配电线路的最末一级配电箱处是否设置自动切换装置，房间内是否设置消防分机电话、应急照明，消防水泵是否有防水淹的技术措施和防冻设施。

（5）现场检查消防水池、消防水箱是否安装就地液位显示装置，并在消防控制室设有显示消防水位的装置，同时有最高和最低报警水位。

（6）现场检查室内消火栓箱内的栓阀、水枪、水带、消火栓泵启动按钮等组件是否齐全外观是否完好，明敷线路是否穿管保护。

（7）现场检查试验消火栓压力表是否正常，压力值是否符合要求。

现场测试：

（1）现场测试消防泵、稳压泵的主、备电源自动切换装置是否正常。

（2）现场测试消防水泵、稳压泵就地启停功能是否正常，主泵和备用泵启动和相互切换应正常，信号反馈功能是否正常。

（3）现场测量最不利点室内消火栓的栓口静水压力，对于一类高层公共建筑不应低于 0.10MPa，但当建筑高度超过 100m 时，不应低于 0.15MPa；对于高层住宅、二类高层公共建筑、多层公共建筑，不应低于 0.07MPa，多层住宅不宜低于 0.07MPa；对于工业建筑不应低于 0.10MPa，当建筑体积小于 20000m³ 时，不宜低于 0.07MPa。对于设置稳压泵的系统最不利点处水灭火设施在准工作状态时的静水压力应大于 0.15MPa。室内消火栓静水压力不应大于 1.0MPa，当大于 1.0MPa 时，应采用分区给水系统。

（4）现场模拟火灾，观察消防泵是否能联动启动，测量屋顶试验消火栓和首层消火栓（一处）出水压力不应大于 0.5MPa。

（5）现场测量室外消火栓供水压力从地面算起不应小于 0.10MPa。

2.4　检查依据（见表 101）

表 101　　　　　　　　　　检　查　依　据

序号	依据文件	依据重点内容
1	《消防给水及消火栓系统技术规范》（GB 50974）5	供水设施功能：系统自动控制处于准工作状态；减压阀和阀门等处于正常工作位置。 消防水泵：消防水泵处于准工作状态；单台消防水泵的最小额定流量不应小于 10L/s，最大额定流量不宜大于 320L/s。消防给水同一泵组的消防水泵型号宜一致，且工作泵不宜超过 3 台；多台消防水泵并联时，应校核流量叠加对消防水泵出口压力的影响。柴油机消防水泵应具备连续工作的性能，试验运行时间不应小于 24h；供油应根据火灾延续时间确定，且油箱最小有效容积应按 1.5L/kW 配置，油箱内储存的燃料不应小于 50%的储量。消防水泵应采取自灌式吸水；消防水泵从市政管网直接抽水时，应在消防水泵出水管上设置有空气隔断的倒流防止器；当吸水口处无吸水井时，吸水口处应设置旋流防止器。 高位消防水箱： （1）高位消防水箱出水管应位于高位消防水箱最低水位以下，并应设置防止消防用水进入高位消防水箱的止回阀。 （2）高位消防水箱的进、出水管应设置带有指示启闭装置的阀门。 稳压泵： （1）稳压泵和稳压设施处于准工作状态。 （2）设置稳压泵的临时高压消防给水系统应设置防止稳压泵频繁启停的技术措施，当采用气压水罐时，其调节容积应根据稳压泵启泵次数不大于 15 次/h 计算确定，但有效储水容积不宜小于 150L
2	《消防给水及消火栓系统技术规范》（GB 50974）7	室内外消火栓系统：控制阀均应在常开位置，消火栓的减压装置和活动部件应灵活可靠

2.5 典型问题

- 某供电公司办公楼消防给水管网存在漏点导致稳压泵启动频繁，启停次数大于 15 次/h，不符合《消防给水及消火栓系统技术规范》（GB 50974）中"稳压泵在正常工作时每小时的启停次数应符合设计要求，且不应大于 15 次/h"的要求。
- 某供电公司物资仓库内设置的室内消火栓被堆放货物堵占，消火栓无法正常使用。不符合《中华人民共和国消防法》中"不得埋压、圈占、遮挡消火栓或者占用防火间距"的要求。

3 固定灭火系统

3.1 评价内容及分值（见表 102）

表 102 评价内容及分值

评分内容	标准分	评价方法	评分标准
（1）水喷雾自动灭火系统： 1）报警阀后的管道应采用内外壁热镀锌钢管，镀锌钢管应采用沟槽连接或丝扣、法兰连接。 2）报警阀组位置应便于操作，报警阀组周围不应有遮挡物，报警阀附近应有排水设施。 3）报警阀组应有注明系统名称、保护区域的标志牌，压力表显示应符合设定值。 4）报警阀组进、出口的控制阀应采用信号阀，不采用信号阀时，应用锁具固定阀位，阀门应常开并有标识。 5）报警阀组件应完整可靠，连接应正确，阀门标识应正确，开闭状态应符合规范要求。 6）水力警铃应设在有人值班的地点附近或走道。 7）喷头设置部位和类型应符合求，喷头安装应牢固，不得有变形和附着物、悬挂物；喷头周围不能有遮挡物。 8）模拟火灾状态下，消防控制设备应能手动和自动控制雨淋阀的电磁阀，雨淋阀应开启，水力警铃应鸣响，压力开关应动作并直接启动消防水泵，消防控制室应显示压力开关和消防水泵的动作信号。	30	现场检查测试	（1）系统无法运行的，每套扣 15 分；功能不齐全或虽然采取措施，但是功能无法满足正常设计功能的，每套系统扣 5 分。 （2）系统现场控制未按照要求投入自动运行的，每项扣 5 分。

评分内容	标准分	评价方法	评分标准
（2）细水雾自动灭火系统的检查内容参照水喷雾自动灭火系统。 （3）自动喷水灭火系统： 1）报警阀后的管道应采用内外壁热镀锌钢管，镀锌钢管应采用沟槽连接或丝扣、法兰连接。 2）配水干管、配水管应作红色或红色环圈标志。 3）干式灭火系统和预作用系统配水干管最末端应设有电动阀和自动排气阀。 4）水箱重力供水管应接入喷淋系统管网的部位应符合规范要求。 5）报警阀组位置应便于操作，报警阀组周围不应有遮挡物，报警阀附近应有排水设施。 6）报警阀组应有注明系统名称、保护区域的标志牌，压力表显示应符合设定值。 7）报警阀组进、出口的控制阀应采用信号阀，不采用信号阀时，应用锁具固定阀位，阀门应常开并有标识。 8）报警阀组件应完整可靠，连接应正确，阀门标识应正确，开闭状态应符合规范要求。 9）水力警铃应设在有人值班的地点附近或走道。 10）开启湿式报警阀试水阀，报警阀启动功能应符合规范要求。 11）干式及预作用报警阀组气源设备及安装应符合设计和规范要求，压力显示应符合设定值。 12）喷头设置部位和类型应符合要求，喷头安装应牢固，不得有变形和附着物，悬挂物；喷头周围不能有遮挡物。 13）每套报警阀组应在最不利点处设置末端试水装置，其他防火分区楼层应设置试水阀，末端试水装置和试水阀应便于操作且有足够排水能力的排水设施；末端试水装置和试水阀压力表显示应正常。 14）开启末端试水装置，出水压力不应低于0.05MPa；水流指示器、报警阀、压力开关应动作，水力警铃应鸣响；压力开关应能直接启动喷淋泵，消防控制设备应显示水流指示器、压力开关及消防水泵的反馈信号。	30	现场检查测试	（3）主备电切换、主备泵切换等系统功能不满足要求的，每处扣4分。 （4）现场各类阀门、保险销等未按照要求在规定状态或位置的，每项扣3分。

续表

评分内容	标准分	评价方法	评分标准
（4）气体自动灭火系统： 1）防护区内应设疏散通道，防护区门为防火门，且应向外开启并能自行关闭，在疏散通道与出口处，应设置应急照明和疏散指示标志；防护区内和入口处应设声光报警装置，入口处应设安全标志和灭火剂释放指示灯，应设置系统紧急启动和停止按钮及手动自动转换装置；无窗或固定窗扇的地上防护区和地下防护区，应设置机械排风装置；灭火后防护区应能通风换气；门窗设有密封条的防护区应设置泄压装置。 2）贮瓶间应设在靠近防护区的专用房间且有明显标志；出口处应直通室外或疏散通道，应设应急照明；地下储瓶间应设置机械排风装置，排风口应直通室外。 3）灭火剂贮存装置应设固定标牌，标明设计规定的贮存装置编号、皮重、容积、灭火剂名称、充装量、充装日期、充装压力；驱动装置和选择阀应有分区标志，驱动装置的压力应正常，同一防护区内用的灭火剂贮存装置规格应一致；贮存装置的支、框架应固定牢固，并采取防腐处理。 4）系统驱动装置压力表便于观测，压力符合设计要求；驱动瓶正面应设标志牌，标明防护区名称，并安装牢固；电磁驱动器电气连接线应采用金属管保护。 5）集流管应固定在支、框架上并安装牢固，组合分配气体灭火系统的集流管上，应设泄压装置。 6）选择阀上应设置标明防护区名称或编号的永久性标志牌；手柄应在操作面一侧，安装高度超过 1.7m 时，应采取便于操作的措施。 7）每个防护区主管道上应设压力信号器、流量信号器，容器阀与集流管之间的管道上应设液体单向阀，单向阀与容器阀或单向阀与集流管之间应采用软管连接。 8）喷嘴应无堵塞现象。 9）自动状态下，灭火控制装置和报警控制装置应在接到两个相关的火灾信号或手动启动紧急启动按钮后，启动防护区声、光报警装置，在不超过 30s 延时时间内，自动启动驱动装置的电磁阀，延时时间内关闭防护区通风设施；防护区门口的气体释放灯应点亮，消防联动控制装置应能显示火灾报警信号、联动控制设备的动作反馈信号、系统的启动信号和气体释放信号。	30	现场检查测试	（5）单个元器件故障，不影响系统功能的，每处扣 3 分。 （6）喷头受到遮挡、阀门设备操作不便等系统元器件工况不良的，每处扣 3 分。

续表

评分内容	标准分	评价方法	评分标准
10）应急切断应能在不超过 30s 延时内可靠地切断自动控制功能。 （5）泡沫自动灭火系统： 1）泡沫液贮罐罐体或铭牌、标志牌上应清晰注明灭火剂型号、配比浓度、有效日期和储量。 2）贮罐配件应齐全完好无锈蚀，液位计、呼吸阀、安全阀、放空阀及压力表状态应正常。 3）泡沫液储罐、泡沫管道、泡沫比例混合器、泡沫混合液管道、泡沫产生器等应涂红色。 4）阀门应有标识，开启状态应符合规范要求。 5）泡沫喷头安装应牢固，应无损坏或变形，无锈蚀；喷头四周不应有影响的障碍物并保证使泡沫直接喷到保护对象上。 6）系统模拟联动试验，控制阀应及时开启，测试管中泡沫液流出，信号反馈正常。 （6）排油注氮系统：核查排油注氮装置 12 个月内的检测报告，装置功能正常，或者有记录显示故障已在整改中。 （7）干粉自动灭火系统： 1）主备瓶组切换正常。 2）模拟手动启动和自动启动试验，延时时间与设定时间相等，声光报警信号正确，联动设备动作正确，启动驱动装置（或负载）动作可靠。 3）手动紧急停止，自动灭火启动信号中止	30	现场检查测试	（7）喷头受到遮挡、阀门设备操作不便等系统元器件工况不良的，每处扣 3 分

3.2 条文内容解读

各级单位固定灭火系统应符合《火力发电厂与变电站设计防火标准》（GB 50229）、《自动喷水灭火系统施工及验收规范》（GB 50261）、《气体灭火系统施工及验收规范》（GB 50263）、《泡沫灭火系统技术标准》（GB 50151）等标准、规范要求，报警阀组、水力警铃、喷头、水箱、末端试水装置等固定灭火系统部件，电源配置，运行状态，报警和控制信号等应正常，并满足设计的要求。

3.3　评价方法及评价重点

现场检查:

生产场所现场检查不应影响各类设施设备正常运行和后期使用。

(1)现场检查固定灭火系统状态是否正常,各部件功能是否完好。

(2)现场检查自动喷水灭火系统、水喷雾灭火系统、细水雾灭火系统管道是否设置保护区域标识牌;气体灭火系统储瓶、瓶组是否设置保护区域标识牌。

(3)现场检查固定灭火系统中的储瓶、瓶组等设备功能状态(压力、指示)是否合格,各组件是否完好。

(4)现场测试自动喷水灭火系统、水喷雾灭火系统、细水雾灭火系统火灾响应是否正常。气体灭火系统、泡沫灭火系统和干粉灭火装置测试响应信号是否正常。

3.4　检查依据(见表103)

表 103　　　　　　　　　　　检 查 依 据

序号	依据文件	依据重点内容
1	《水喷雾火火系统技术规范》(GB 50219)3.2、4、5、6	(1)报警阀后的管道应采用内外壁热镀锌钢管,镀锌钢管应采用沟槽连接或丝扣、法兰连接。报警阀组位置应便于操作,报警阀组周围不应有遮挡物,报警阀附近应有排水设施。 (2)报警阀组应有注明系统名称、保护区域的标志牌,压力表显示应符合设定值;报警阀组进、出口的控制阀应采用信号阀,不采用信号阀时,应用锁具固定阀位,阀门应常开并有标识。 (3)报警阀组件应完整可靠,连接应正确,阀门标识应正确,开闭状态应符合规范要求。 (4)水力警铃应设在有人值班的地点附近或走道;喷头设置部位和类型应符合求,喷头安装应牢固,不得有变形和附着物、悬挂物;喷头周围不能有遮挡物。 (5)控制系统测试:模拟火灾状态下,消防控制设备应能手动和自动控制雨淋阀的电磁阀,雨淋阀应开启,水力警铃应鸣响,压力开关应动作并直接启动消防水泵,消防控制室应显示压力开关和消防水泵的动作信号

序号	依据文件	依据重点内容
2	《细水雾灭火系统技术规范》（GB 50898）4	外观检查： （1）管材及管件的外观表面应无明显的裂纹、缩孔、夹渣、折叠、重皮等缺陷；法兰密封面应平整光洁，不应有毛刺及径向沟槽；螺纹法兰的螺纹表面应完整无损伤；密封垫片表面应无明显折损、皱纹、划痕等缺陷。 （2）储水瓶组、储气瓶组、泵组单元、控制柜（盘）、储水箱、控制阀、过滤器、安全阀、减压装置、信号反馈装置等系统组件外观应无变形及其他机械性损伤。 （3）外露非机械加工表面保护涂层应完好；所有外露口均应设有保护堵盖，且密封应良好；铭牌标记应清晰、牢固、方向正确。 控制系统测试： （1）瓶组系统应具有自动、手动和机械应急操作控制方式，其机械应急操作应能在瓶组系统直接手动启动系统。 （2）泵组系统应具有自动、手动控制方式。开式系统的自动控制应能在接收到两个独立的火灾报警信号后自动启动。闭式系统的自动控制应能在喷头动作后，由动作信号反馈装置直接联锁自动启动。 （3）在消防控制室内和防护区入口处，应设置系统手动启动装置。手动启动装置和机械应急操作装置应能在一处完成系统启动的全部操作，并应采取防止误操作的措施。 （4）手动启动装置和机械应急操作装置上应设置与所保护场所对应的明确标识。设置系统的场所以及系统的手动操作位置，应在明显位置设置系统操作说明。 防护区或保护场所的入口处应设置声光报警装置和系统动作指示灯。开式系统分区控制阀符合下列规定： （1）应具有接收控制信号实现启动、反馈阀门启闭或故障信号的功能；应具有自动、手动启动和机械应急操作启动功能，关闭阀门应采用手动操作方式。 （2）应在明显位置设置对应于防护区或保护对象的永久性标识，并应标明水流方向。 （3）火灾报警联动控制系统应能远程启动水泵或瓶组、开式系统分区控制阀，并应能接收水泵的工作状态、分区控制阀的启闭状态及细水雾喷放的反馈信号。系统应设置备用电源。系统的主备电源应能自动和手动切换。 （4）系统启动时，应联动切断带电保护对象的电源，并应同时切断或关闭防护区内或保护对象的可燃气体、液体或可燃粉体供给等影响灭火效果或因灭火可能带来次生危害的设备和设施

序号	依据文件	依据重点内容
3	《自动喷水灭火系统施工及验收规范》（GB 50261）4、5	外观检查： （1）报警阀后的管道应采用内外壁热镀锌钢管，镀锌钢管应采用沟槽连接或丝扣、法兰连接。 （2）配水干管、配水管应作红色或红色环圈标志；干式灭火系统和预作用系统配水干管最末端应设有电动阀和自动排气阀。 （3）水箱重力供水管应接入喷淋系统管网的部位应符合规范要求；报警阀组位置应便于操作，报警阀组周围不应有遮挡物，报警阀附近应有排水设施。 （4）报警阀组应有注明系统名称、保护区域的标志牌，压力表显示应符合设定值；报警阀组进、出口的控制阀应采用信号阀，不采用信号阀时，应用锁具固定阀位，阀门应常开并有标识。 （5）报警阀组件应完整可靠，连接应正确，阀门标识应正确，开闭状态应符合规范要求；水力警铃应设在有人值班的地点附近或走道。 控制系统测试： （1）开启湿式报警阀试水阀，报警阀启动功能应符合《自动喷水灭火系统施工及验收规范》（GB 50261）要求。 （2）干式及预作用报警阀组气源设备及安装应符合设计和《自动喷水灭火系统施工及验收规范》（GB 50261）要求，压力显示应符合设定值；喷头设置部位和类型应符合要求，喷头安装应牢固，不得有变形和附着物，悬挂物。 （3）喷头周围不能有遮挡物；每套报警阀组应在最不利点处设置末端试水装置，其他防火分区楼层应设置试水阀，末端试水装置和试水阀应便于操作且有足够排水能力的排水设施。 （4）末端试水装置和试水阀压力表显示应正常；开启末端试水装置，出水压力不应低于0.05MPa；水流指示器、报警阀、压力开关应动作，水力警铃应鸣响。 （5）压力开关应能直接启动喷淋泵，消防控制设备应显示水流指示器、压力开关及消防水泵的反馈信号
4	《气体灭火系统施工及验收规范》（GB 50263）7、8	外观检查： （1）防护区内应设疏散通道，防护区门为防火门，且应向外开启并能自行关闭，在疏散通道与出口处，应设置应急照明和疏散指示标志。 （2）防护区内和入口处应设声光报警装置，入口处应设安全标志和灭火剂释放指示灯，应设置系统紧急启动和停止按钮及手动自动转换装置。 （3）无窗或固定窗扇的地上防护区和地下防护区，应设置机械排风装置；灭火后防护区应能通风换气；门窗设有密封条的防护区应设置泄压装置。 （4）贮瓶间应设在靠近防护区的专用房间且有明显标志；出口处应直通室外或疏散通道，应设应急照明；地下储瓶间应设置机械排风装置，排风口应直通室外。

续表

序号	依据文件	依据重点内容
4	《气体灭火系统施工及验收规范》（GB 50263）7、8	（5）灭火剂贮存装置应设固定标牌，标明设计规定的贮存装置编号、皮重、容积、灭火剂名称、充装量、充装日期、充装压力；驱动装置和选择阀应有分区标志，驱动装置的压力应正常，同一防护区内用的灭火剂贮存装置规格应一致；贮存装置的支、框架应固定牢固，并采取防腐处理。 （6）系统驱动装置压力表便于观测，压力符合设计要求；驱动瓶正面应设标志牌，标明防护区名称，并安装牢固；电磁驱动器电气连接线应采用金属管保护；集流管应固定在支、框架上并安装牢固，组合分配气体灭火系统的集流管上，应设泄压装置。 （7）选择阀上应设置标明防护区名称或编号的永久性标志牌；手柄应在操作面一侧，安装高度超过 1.7m 时，应采取便于操作的措施；每个防护区主管道上应设压力信号器、流量信号器，容器阀与集流管之间的管道上应设液体单向阀，单向阀与容器阀或单向阀与集流管之间应采用软管连接；喷嘴应无堵塞现象。 控制系统测试： （1）自动状态下，灭火控制装置和报警控制装置应在接到两个相关的火灾信号或手动启动紧急启动按钮后，启动防护区声、光报警装置，在不超过 30s 延时时间内，自动启动驱动装置的电磁阀，延时时间内关闭防护区通风设施。 （2）防护区门口的气体释放灯应点亮，消防联动控制装置应能显示火灾报警信号、联动控制设备的动作反馈信号、系统的启动信号和气体释放信号；应急切断应能在不超过 30s 延时内可靠地切断自动控制功能
5	《泡沫灭火系统技术标准》（GB 50151）5、6	外观检查： （1）泡沫液贮罐罐体或铭牌、标志牌上应清晰注明灭火剂型号、配比浓度、有效日期和储量；贮罐配件应齐全完好无锈蚀，液位计、呼吸阀、安全阀、放空阀及压力表状态应正常。 （2）泡沫液储罐、泡沫管道、泡沫比例混合器、泡沫混合液管道、泡沫产生器等应涂红色；阀门应有标识，开启状态应符合规范要求；泡沫喷头安装应牢固，应无损坏或变形，无锈蚀；喷头四周不应有影响的障碍物并保证使泡沫直接喷到保护对象上。 控制系统检测：系统模拟联动试验，控制阀应及时开启，测试管中泡沫液流出，信号反馈正常
6	《干粉灭火装置技术规程》（CECS 322）3	外观检查：灭火装置及其主要组件的型号、规格、数量应符合设计文件的要求。灭火装置的铭牌应清晰、完整。灭火装置应无明显的机械损伤，表面应无锈蚀，保护层完好。贮压式的灭火装置上压力指示器应指示在绿色区域内。电引发器的引线应短接。主备瓶组切换正常。 控制系统测试：模拟手动启动和自动启动试验，延时时间与设定时间相等，声光报警信号正确，联动设备动作正确，启动驱动装置（或负载）动作可靠；手动紧急停止，自动灭火启动信号中止

3.5 典型问题

- 某供电公司办公楼自动喷水灭火系统的末端试水装置开启后，压力开关未能正常动作，不符合《自动喷水灭火系统施工及验收规范》（GB 50261）中"开启末端试水装置，水流指示器、压力开关、高位消防水箱流量开关等信号的功能，均应符合设计要求"的规定。

- 某供电公司管网式气体灭火系统各选择阀未标注具体防护区域，人员在紧急情况下无法根据起火区域准确操作对应选择阀进行机械应急启动，不符合《气体灭火系统施工及验收规范》（GB 50263）中"选择阀上应设置标明防护区域或保护对象名称或编号的永久性标志牌"的要求。

4 其他固定消防设施

4.1 评价内容及分值（见表 104）

表 104 评 价 内 容 及 分 值

评分内容	标准分	评价方法	评分标准
（1）防排烟系统： 1）机械排烟风机控制柜应有注明系统名称和编号的标志；机械排烟风机控制柜应有双电源供电，指示灯显示应正常；机械排烟风机控制柜应有手动，自动切换装置。 2）排烟风机的铭牌清晰，并有注明名称和编号的标志。 3）排烟风机现场、远程启停正常，启动运转平稳，旋转方向正确，消防控制室应能显示风机的工作状态。 4）风机和排烟道的软连接应严密完整，排烟道无破损、无变形，无锈蚀；防火阀、电动排烟窗、排烟口、排烟阀、排烟防火阀应安装牢固；排烟口距可燃构件或可燃物的距离不应小于1m。 5）排烟口、排烟阀、排烟防火阀、防火阀、电动排烟窗开启与复位操作应灵活可靠，关闭时应严密，反馈信号应正确。 6）除常开的阀（口）外，现场应设置手动控制装置。 7）机械排烟系统应能自动和手动启动相应区域排烟阀、排烟风机，并向火灾报警控制器反馈信号。 8）机械排烟系统中，当任一排烟口（排烟阀）开启时，排烟风机应能自动启动。 9）排烟口的风速不宜大于 10m/s，排烟量符合设计要求。 10）通风与排烟合用风机，应自动切换到高速运行状态；电动排烟窗应具有直接启动或联动控制开启功能。	10	现场检查测试	（1）系统无法运行的，每套系统扣5分；功能不齐全或虽然采取措施，但是功能无法满足正常设计功能的，每套系统扣3分。 （2）系统现场控制未按照要求投入自动运行的，每项扣5分。

评分内容	标准分	评价方法	评分标准
（2）消防应急照明和疏散指示标志： 1）消防应急照明灯具安装应牢固、无遮挡，状态指示灯应正常。 2）应急转换时间不应大于5s。 3）疏散照明地面最低水平照度应满足规范要求。 4）疏散指示标志安装应牢固、无遮挡，指示方向明显清晰。 5）安全出口标志和疏散指示标志设置应符合规范要求。 （3）消防应急广播系统： 1）仪表、指示灯显示正常，开关和控制按钮动作灵活；监听功能正常。 2）安装牢固，外观完好，音质清晰，应能用话筒播音。 3）应在火灾报警后，按设定的控制程序自动启动消防应急广播，控制程序应符合要求；播音区域应正确、音质应清晰；环境噪声大于60dB的场所，消防应急广播应高于背景噪声15dB。 （4）消防电梯： 1）首层的消防电梯迫降按钮，应用透明罩保护，当触发按钮时，能控制消防电梯下降至首层，此时其他楼层按钮不能呼叫控制消防电梯，只能在轿厢内控制。 2）轿厢内的专用对讲电话应正常，从首层到顶层的运行时间不应超过60s。 3）联动控制的消防电梯，应由消防控制设备手动和自动控制电梯回落首层，并接收反馈信号。 （5）卷帘门： 1）防火卷帘组件及标识应齐全完好，紧固件无松动现象。 2）现场手动、远程手动、自动控制及温控释放功能应正常；关闭时应严密，运行时平稳顺畅，无卡涩现象。 3）火灾报警控制器联动及反馈功能正常	10	现场检查测试	（3）主备电切换等系统功能不满足要求的，每处扣4分。 （4）现场各类阀门、保险销等未按照要求在规定状态或位置的，每项扣3分。 （5）单个元器件故障，不影响系统功能的，每处扣2分

4.2 条文内容解读

配置其他固定消防设施的单位，应保证所有固定消防设施各项功能符合国家规范、标准要求，配套设施齐全完好，供电电源及各项控制信号正常。

其他固定消防设施一般包含防排烟系统、消防应急照明和疏散指示标志、消防应急广播系统、消防电梯、防火卷帘等设施。

4.3 评价方法及评价重点

现场检查：

（1）现场检查机械排烟风机控制柜是否有注明系统名称和编号的标志；是否有双电源供电，指示灯显示应正常；是否有手动、自动切换装置；排烟风机现场、远程启停是否正常，旋转方向是否正确；消防控制室是否能显示风机的工作状态。

（2）现场检查消防应急照明灯是否安装牢固、无遮挡，且状态指示灯正常显示；现场测试应急转换时间是否小于 5s；疏散指示标志安装是否牢固、无遮挡，指示方向明显清晰。

（3）现场检查消防应急广播系统仪表、指示灯是否运行、显示正常。现场测试是否能用话筒播音；是否能在火灾报警后，按设定的控制程序自动启动消防应急广播。

（4）现场检查首层的消防电梯迫降按钮是否能够正常使用，是否有透明罩保护；现场测试触发按钮时，能否控制消防电梯下降至首层；轿厢内的专用对讲电话是否正常。

（5）现场检查防火卷帘组件及标识是否齐全完好；检查现场手动、远程手动、自动控制及温控释放功能是否正常，关闭是否严密；运行时是否平稳顺畅，无卡涩现象；与火灾报警控制器联动及反馈功能是否正常。

4.4 检查依据（见表 105）

表 105 检 查 依 据

序号	依据文件	依据重点内容
1	《建筑防烟排烟系统技术标准》（GB 51251）5.2、7.2、7.3	防排烟系统：机械排烟风机控制柜应有注明系统名称和编号的标志；机械排烟风机控制柜应有双电源供电，指示灯显示应正常；机械排烟风机控制柜应有手动，自动切换装置；排烟风机的铭牌清晰，并有注明名称和编号的标志；排烟风机现场、远程启停正常，启动运转平稳，旋转方向正确，消防控制室应能显示风机的工作状态；风机和排烟道的软连接应严密完整，排烟道无破损、

序号	依据文件	依据重点内容
1	《建筑防烟排烟系统技术标准》（GB 51251）5.2、7.2、7.3	无变形，无锈蚀；防火阀、电动排烟窗、排烟口、排烟阀、排烟防火阀应安装牢固；排烟口距可燃构件或可燃物的距离不应小于 1m；排烟口、排烟阀、排烟防火阀、防火阀、电动排烟窗开启与复位操作应灵活可靠，关闭时应严密，反馈信号应正确；除常开的阀（口）外，现场应设置手动控制装置；机械排烟系统应能自动和手动启动相应区域排烟阀、排烟风机，并向火灾报警控制器反馈信号；机械排烟系统中，当任一排烟口（排烟阀）开启时，排烟风机应能自动启动；排烟口的风速不宜大于 10m/s，排烟量符合设计要求；通风与排烟合用风机，应自动切换到高速运行状态；现场手动启动；火灾自动报警系统自动启动；消防控制室手动启动；系统中任一排烟阀或排烟口开启时，排烟风机、补风机自动启动；排烟防火阀在 280℃时应自行关闭，并应连锁关闭排烟风机和补风机。机械排烟系统中的常闭排烟阀或排烟口应具有火灾自动报警系统自动开启、远方控制室手动开启和现场手动开启功能，其开启信号应与排烟风机联动，当火灾确认后，火灾自动报警系统应在 15s 内联动开启相应防烟分区的全部排烟阀、排烟口、排烟风机和补风设施，并应在 30s 内自动关闭与排烟无关的通风、空调系统
2	《消防应急照明和疏散指示系统技术标准》（GB 51309）3.2.2、3.33、3.3.4	（1）灯具的布置应根据疏散指示方案进行设计，且灯具的布置原则应符合下列规定： 1）照明灯的设置应保证为人员在疏散路径及相关区域的疏散提供最基本的照度。 2）标志灯的设置应保证人员能够清晰地辨识疏散路径、疏散方向、安全出口的位置、所处的楼层位置。 （2）火灾状态下，灯具光源应急点亮、熄灭的响应时间应符合下列规定： 1）高危险场所灯具光源应急点亮的响应时间不应大于 0.25s。 2）其他场所灯具光源应急点亮的响应时间不应大于 5s。 3）具有两种及以上疏散指示方案的场所，标志灯光源点亮、熄灭的响应时间不应大于 5s。 （3）系统应急启动后，在蓄电池电源供电时的持续工作时间应满足下列要求： 1）建筑高度大于 100m 的民用建筑，不应小于 1.5h。 2）总建筑面积大于 100000m² 的公共建筑和总建筑面积大于 20000m² 的地下、半地下建筑，不应少于 1.0h。 3）其他建筑，不应少于 0.5h

续表

序号	依据文件	依据重点内容
3	《火灾自动报警系统设计规范》（GB 50116）6.6	消防应急广播系统：仪表、指示灯显示正常，开关和控制按钮动作灵活；监听功能正常；安装牢固，外观完好，音质清晰。每个扬声器的额定功率不应小于 3W，其数量应能保证从一个防火分区内的任何部位到最近一个扬声器的直线距离不大于 25m，走道末端距最近的扬声器距离不应大于 12.5m；应能用话筒播音；应在火灾报警后，按设定的控制程序自动启动消防应急广播，控制程序应符合要求；播音区域应正确、音质应清晰；环境噪声大于 60dB 的场所，消防应急广播应高于背景噪声 15dB。客房设置专用扬声器时，其功率不宜小于 1W。 消防电梯：首层的消防电梯迫降按钮，应用透明罩保护，当触发按钮时，能控制消防电梯下降至首层，此时其他楼层按钮不能呼叫控制消防电梯，只能在轿厢内控制；轿厢内的专用对讲电话应正常，从首层到顶层的运行时间不应超过 60s；联动控制的消防电梯，应由消防控制设备手动和自动控制电梯回落首层，并接收反馈信号。 卷帘门：防火卷帘组件及标识应齐全完好，紧固件无松动现象；现场手动、远程手动、自动控制及温控释放功能应正常；关闭时应严密，运行时平稳顺畅，无卡涩现象；火灾报警控制器联动及反馈功能正常

4.5　典型问题

- 某供电公司机械排烟风机控制柜为单电源供电，不符合《建筑设计防火规范》（GB 50016)中"防烟和排烟风机房的消防用电设备应在其配电线路的最末一级配电箱处设置自动切换装置"的要求。

- 某供电公司办公楼疏散走道内未安装灯光疏散指示标志，不符合《建筑设计防火规范》（GB 50016）中"公共建筑应设置灯光疏散指示标志"的要求。

附录A 消防安全性评价工作流程图

消防安全性评价工作流程图见图A.1。

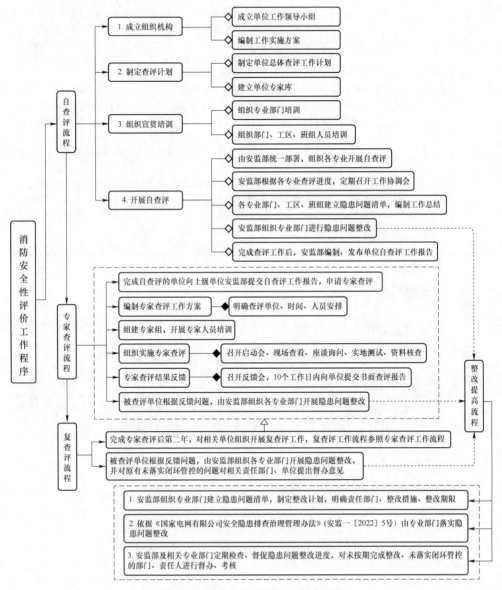

图A.1 消防安全性评价工作流程图

附录 B　消防安全性评价自查评报告（参考模板）

一、单位概况

（一）单位基本情况

本单位生产经营情况简介，包含组织架构、全口径员工数量、生产经营情况及本单位范围内所管辖高层建筑、消防安全重点单位、重要场所（变电站、换流站、电缆沟道、隧道）等情况。

示例：××供电公司隶属于××公司，是全国大型供电企业，位于××，担负着 11 个区（市）、县的供电任务，供电范围为××，电网覆盖面积××km²，直供营业户数××万户，2021 年完成售电量 213.1 亿 kWh，全社会用电量 245 亿 kWh，网供最高负荷达到 414 万 kW。2022 年公司正式在编员工 956 人，共设置职能部室 12 个，下辖二级机构 6 个，分别为××县供电公司、××县供电公司、××县供电公司、产业单位××公司、信息通信中心、综合服务中心。

截至 2021 年，××公司共有变电站（换流站）××座（220kV 变电站××座、110kV 变电站××座、35kV 变电站××座）。输配电线路总长度××km（220kV 输电线路××km、110kV 输电线路××km、35kV 输电线路××km、10kV 配电线路××km）。输配电线路穿越林区草原共有××km，共计××条（220kV××条、110kV××条、35kV××条、10kV××条）。电缆总长度××km（220kV 电缆××km，110kV 电缆××km、35kV 电缆××km、10kV 电缆××km），其中电缆隧道共有××km，共计××条（220kV××条、110kV××条、35kV××条、10kV××条）。

××公司所属高层建筑共××座，分别为本部办公楼（一类高层民用建筑）、××县供电公司办公楼（二类高层民用建筑）。公司所辖消防安全重点单位 25 个，分别为公司本部及 24 座 220kV 及以上电压等级变电站……。

（二）消防工作组织管理情况

简述本单位消防安全工作组织架构，相关管理制度机制建设情况，相关消防归口管理部门（如有）、监督和保证体系职责分工，日常消防安全管理、维保、检测等各项工作开展情况。

示例：按照"安委会领导、专业归口管理、安监全面监督"的原则，××公司印发××文件（或相关安全责任清单），明确公司安全生产委员会是消防安全工作领导机构；安委会办公室负责履行本单位消防安全归口管理职责；公司安监部为本单位消防安全监督部门，负责组织本单位消防安全监督检查，督促隐患整改等工作；公司运检部、营销部、建设部、物资部、调控中心、信息通信中心、综合服务中心、产业单位按照"管业务必须管安全、管生产经营必须管安全"原则，分别负责生产场所、营业厅、建设施工现场（含施工项目部）、物资仓库、调控大厅、信息通信机房、办公场所、产业单位范围内的消防安全管理工作。

××公司于2021年12月印发《××市供电公司消防管理实施细则》（××××〔2021〕38号），对本单位消防安全管理各项工作进行了明确。目前，公司各类场所消防设施器材维保、检测工作采用各专业分别负责方式，由各专业按照管理界面划分，分别委托满足从业条件的第三方机构开展。

相关工作管控亮点结合各单位实际自行描述。

（三）火灾及处罚情况

本单位自2021年以来是否发生过火灾、是否被各级消防救援机构检查发现存在重大消防隐患等情况。如有，写明调查、处理、整改等相关情况。

二、自查评工作开展情况

概述本单位自查评开展总体情况，包括但不限于自查评组织领导机构设置、方案编制、宣贯培训、自查评方式（内部消防专业管理人员组成自查评组或外委具备从业条件的消防安全评估机构进行自查评）、自查评覆盖各类场所、建筑数量（办公建筑、变电站、营业厅等具体数量），推进时间节点安排等方面（可分阶段说明）。

（可列表说明）

示例：××公司严格落实××省电力关于开展第一轮消防安全性评价的工作安排，组织编制了《国网××市供电公司安委办关于印发第一轮消防安全性评价工作方案的通知》（××安委办〔2021〕54号）。成立了由本单位消防安全管理人任组长的工作领导组以及评价督导组、专业评价组等三个工作小组，全面推进本单位消防安全性评价自查评工作。

2022 年 3 月 15 日，××公司自查评工作全面启动。公司安监部先后于 3 月 15 日、3 月 22 日组织两轮消防安全性评价规范宣贯培训，培训涉及 64 人次。4 月 15 日，公司安监部牵头，组织各专业部室召开中期推动会，对本次自查评情况以及存在的疑问进行了进一步沟通。4 月 28 日，基本完成自查评工作，5 月 6 日，××公司第一轮消防安全性评价自查评报告编写完毕，通过上行文报送××公司（上级单位）。

本次自查评××公司采用内部消防专业管理人员自查评与外委具备从业条件的消防安全评估机构进行查评相结合方式，本单位内部专家主要负责各专业管理部分自查评，第三方机构主要负责协助开展建筑消防及消防设施部分涉及现场试验、检测等项目评价。自查评覆盖场所具体情况见表 B.1。

表 B.1　　　　　　　××公司消防安全性评价自查评覆盖场所统计表

序号	所属单位	专业	场所分类	数量	电压等级
1	××市供电公司本部	后勤	办公楼	1	—
2	××市供电公司本部	设备	变电站	24	220kV
3	××县供电公司	后勤	办公楼	1	—
4	××县供电公司	设备	变电站	40	110kV
5	××县供电公司	设备	变电站	68	35kV
6	××县供电公司	营销	营业厅	4	—
...					

注　如不涉及县级单位可调整内容。专业应填写设备、营销、建设、信息、物资、产业、后勤、调度（通信）等。场所分类应填写变电站、换流站、配电站、开关站、储能电站、电缆（沟）隧道、办公楼、调度楼、教学楼、公寓（学员）楼及附属设施、供电所、营业厅、电力调度大厅、自动化机房、通信机房、信息机房、物资仓库、施工项目部、作业现场、输配电通道、其他等。

三、自查评结果

（一）自查评结果综述

本次消防安全性评价自查评标准分 1000 分，评价得分××分，得分率××%。共发现消防安全问题隐患××项（其中重大隐患××项，较大隐患××项），已整改问题隐患××项（其中重大隐患××项，较大隐患××项），未整改问题隐患××项（其中重大隐患××项，较大隐患××项），整改率××%。具体情况表 B.2《××单位消防安全性评价得分表》（对较大及以上隐患可具体说明）。

表 B.2   ××单位消防安全性评价得分表

序号	一级指标	标准分	序号	二级指标	扣分	实际得分
第一部分：消防安全管理评价		500				
1	消防安全目标	20	1.1	安全目标制定与分级控制		
			1.2	安全目标监督考核		
2	消防工作组织机构、人员及其职责、履责	100	2.1	消防工作组织机构		
			2.2	消防安全职责		
			2.3	消防安全责任人、管理人履责		
			2.4	消防工作专业归口管理部门履责		
			2.5	消控值班人员、变电站（换流站）运维人员履责		
			2.6	志愿消防员设置及履责		
3	消防安全规章制度和规程	40	3.1	消防安全规章制度和规程制定		
			3.2	消防安全规章制度和规程管理		
4	防火巡查检查及隐患整改	60	4.1	防火巡查		
			4.2	防火检查		
			4.3	消防督查		
			4.4	火灾隐患治理		
5	消防安全重点部位管理	100	5.1	消防安全重点部位通用管理		
			5.2	消防控制室/值班室		

续表

序号	一级指标	标准分	序号	二级指标	扣分	实际得分
6	动火用电安全管理	60	6.1	动火区管理		
			6.2	动火人员资格		
			6.3	动火作业		
			6.4	用电管理		
7	消防安全宣传教育和培训	60	7.1	单位日常教育培训		
			7.2	建设工程消防安全教育培训		
8	安全疏散设施管理	20	8	安全疏散设施管理		
9	消防安全应急和档案管理	40	9.1	灭火和应急疏散预案演练		
			9.2	志愿（专职）消防队和微型消防站建设		
			9.3	消防档案		
第二部分：建筑消防安全性评价		200				
10	建筑消防合法性	80	10.1	建筑消防验收、备案		
			10.2	消防产品选型		
			10.3	建筑消防工程"三同时"		
11	建筑使用情况	60	11	建筑使用情况		
12	建筑防火	60	12.1	总平面布局		
			12.2	平面布置		
			12.3	配电线路		
第三部分：消防设施评价		300				
13	消防器材配置	40	13.1	灭火器		
			13.2	正压式空气呼吸器		
			13.3	过滤式自救呼吸器		

续表

序号	一级指标	标准分	序号	二级指标	扣分	实际得分
14	消防设施配置	60	14.1	火灾自动报警系统		
			14.2	室内外消火栓系统		
			14.3	固定灭火系统		
15	消防器材及设施管理	100	15.1	消防器材		
			15.2	消防设施		
16	消防器材功能	20	16.1	灭火器		
			16.2	正压式空气呼吸器		
			16.3	过滤式自救呼吸器		
17	消防设施功能	80	17.1	火灾自动报警系统		
			17.2	室内外消火栓系统		
			17.3	固定灭火系统		
			17.4	其他固定消防设施		
合计		1000				

（1）消防安全管理评价部分。评价得分××分，得分率××%。共发现问题隐患××项，已完成整改××项。9项一级指标中，发现问题最多的是×××，共发现问题隐患××项，存在的薄弱环节是××××。

（2）建筑消防安全性评价部分。评价得分××分，得分率××%。共发现问题隐患××项，已完成整改××项。3项一级指标中，发现问题最多的是×××，共发现问题隐患××项，存在的薄弱环节是××××。

（3）消防设施评价部分。评价得分××分，得分率××%。共发现问题隐患××项，已完成整改××项。5项一级指标中，发现问题最多的是×××，共发现问题隐患××项，存在的薄弱环节是××××。

（可综合运用图表说明）

示例：××公司本次消防安全性评价自查评标准分1000分，评价得分804分，得分率 80.4%。共发现消防安全问题隐患 44 项（其中重大隐患 0 项，较大隐患 6 项），已整改问题隐患 8 项（其中重大隐患 0 项，较大隐患 0 项），未整改问题隐患 36 项（其中重大隐患 0 项，较大隐患 6 项），整改率 18.2%。具体情况附表 1《消防安全性评价得分表》。

发现的 6 项较大隐患分别是公司本部消防控制室值班人员为五级消防设施操作员资质……。

（1）消防安全管理评价部分。评价得分 412 分，得分率 82.4%。共发现问题隐患 20 项，已完成整改 2 项。9 项一级指标中，发现问题最多的是"防火巡查检查及隐患整改"，共发现问题隐患 5 项，存在的薄弱环节是防火巡查、防火检查开展的内容不全、质量不高。本部办公场所地下车库消防器材（灭火器）存在漏查，西侧防烟楼梯间堆放杂物未能通过每日防火巡查与月度防火检查及时发现并整改，防火巡查、防火检查覆盖范围与巡查质量存在问题。主要的典型问题（具备普遍性或严重的）有：

- 列写本专业自查评发现的典型问题及不符合条款情况，一般不超过 5 项。

  示例：本单位对消防安全教育培训无正式发文制度，在现行的各项消防安全管理制度中也未包含消防安全教育培训部分内容。

  该项问题不符合本评价规范 3.1"建立健全本单位消防安全管理制度，应包括：消防安全教育……"的要求。

（2）建筑消防安全性评价部分。评价得分 168 分，得分率 84%。共发现问题隐患 6 项，已完成整改 1 项。3 项一级指标中，发现问题最多的是"建筑防火"，共发现问题隐患 5 项，存在的薄弱环节是消防安全重点部位和重要场所标识及防火分隔设施配置不合规。主要的典型问题（具备普遍性或严重的）有：

- 列写本专业自查评发现的典型问题及不符合条款情况，一般不超过 5 项。

  示例：××等××处消防控制室入口处未设置明显标识，门采用木门，不满足乙级防火门要求，地下负一层消防水泵房门采用木门，不满足甲级防火门要求。

  该项问题不符合本评价规范 12.2"消防控制室入口处应设置明显标志，门应为乙级及以上防火门""消防水泵房开向疏散走道的门应采用甲级防火门"的要求。

（3）消防设施评价部分。评价得分 224 分，得分率 74.7%。是本次自查评得分最低的评价部分。共发现问题隐患 18 项，已完成整改 5 项。5 项一级指标中，发现问题最多的是"消防设施功能"，共发现问题隐患 6 项，存在的薄弱环节是火灾自动报警系统运行工况不佳。主要的典型问题（具备普遍性或严重的）有：

● 列写本专业自查评发现的典型问题及不符合条款情况，一般不超过 5 项。

示例：××县供电公司、产业单位办公楼火灾自动报警系统均存在故障信号常发，未及时处理。

该项问题不符合本评价规范 17.1"火灾报警控制器应处于无故障报警状态"的要求。

各部门发现问题及各项一级指标得分情况见图 B.1、图 B.2。

简略分析：从本次自查评总体情况来看，××指标等得分率低于平均值，单位主要短板和弱项主要是××。

示例：从本次自查评总体情况来看，消防安全管理部分发现问题隐患最多，防火巡查检查及隐患整改、建筑防火、消防设施功能三项二级指标得分率偏低。暴露出本单位在消防安全日常管理中存在突出短板，防火巡查、检查，隐患排查等各项管理要求未完全落实到位，导致一些问题隐患未能得到及时发现与整改。

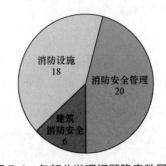

图 B.1　各部分发现问题隐患数量图

（二）专业分析

总体概括本单位各专业查评问题隐患数量，可运用图表说明（结合本单位自查评结果，按实际涉及专业逐专业分析）。

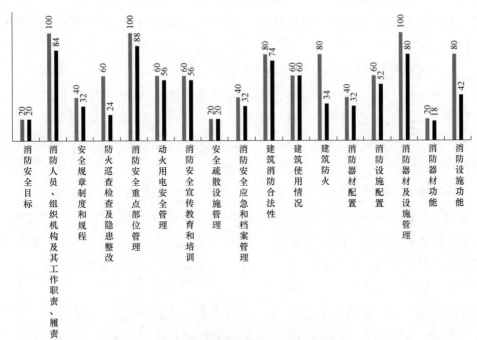

图 B.2　各项一级指标得分情况图

示例：××公司本次消防安全性评价自查评中发现问题隐患最多的专业是设备专业，共发现问题隐患 12 项，发现问题隐患最少的专业为建设和物资专业，各发现问题隐患 2 项。各专业发现问题隐患具体情况见图 B.3。

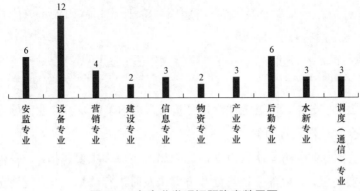

图 B.3　各专业发现问题隐患数量图

1. 设备专业（含配电网专业，结合实际情况可合并或单独列写）

（1）问题隐患情况。设备专业本次自查评共覆盖变电站××座，开关站××

座……（按电压等级展开说明）。发现问题隐患共××项（其中重大隐患××项，较大隐患××项），已完成整治××项（其中重大隐患××项，较大隐患××项），整治率××%。

归纳概括本专业存在问题隐患的主要方面。

示例：××单位设备专业本次自查评共覆盖变电站102座，开关站25座……（其中，220kV变电站14座，110kV变电站……）。发现问题隐患共12项（其中重大隐患0项，较大隐患2项），已完成整治2项（其中重大隐患0项，较大隐患0项），整治率16.7%。

设备专业开展消防安全性评价自查评发现的问题隐患包括以下方面：一是变电站现场处置方案覆盖不全，主要针对近年来进行消防设施改造后，现场处置方案未及时更新，实际应用存在问题；二是部分电缆沟道防火措施不完善，防火隔离分区设置不合理；三是部分生产场所消防设施、器材维保、检查不到位，存在超期使用现象。主要的典型问题有：

- 列写本专业自查评发现的典型问题及不符合条款情况，一般不超过3项。
- 示例：××变电站，该站主变压器固定灭火系统于2020年由排油注氮装置改造为水喷雾灭火系统，但自查评发现该站火灾现场处置方案内容仍对应为排油注氮系统。

  该项问题不符合本评价规范9.1"现场处置方案应定期进行评估和修订"的要求。

- ×××变电站，主变水喷雾灭火系统雨淋报警阀出口阀门处于关闭状态且阀门未悬挂指示开闭状态的标识牌。

  该项问题不符合本评价规范17.3"报警阀组进、出口阀门应常开并有标识"的要求。

（2）问题隐患分析。通过定性定量分析，剖析本单位设备专业问题隐患产生原因及消防安全管理薄弱环节等。

示例：设备专业分析本次自查评问题隐患产生原因主要包括：一是消防安全责任未完全落实到位，导致部分现场处置方案未及时进行修编，未火灾情况下应急处置留下安全隐患。二是隐患排查开展不到位，对电缆沟道等场所排查存在死角，未能及时发现防火措施落实存在的疏漏。三是对消防维保第三方机构维保工作过程管控不严格，维保质量不佳，部分问题隐患未能及时发现。

（3）整改管控措施。概括说明针对本专业发现的问题隐患，采取的整改及风险管控措施。

示例：设备专业针对目前尚未整改完成的问题隐患，采取的主要措施包括：一是尽快组织人员修编现场处置方案，并经专业管理部门审核、批准；二是结合年度安措计划，强化对变电站、电缆沟道消防设施、器材的补充增配，做到"应配必配、配置合规"。三是落实消防设施同主设备同运维同管理要求，严格规范变电站内设备设施巡视，强化专业消防安全检查检测，坚决消除消防设施运行不正常、维护不到位等问题。

2. 营销专业

3. 建设专业

4. 信息专业

5. 物资专业

6. 产业专业

7. 后勤专业

8. 水新专业（如有）

9. 调度（通信）专业（结合实际可合并或分开编写）

10. 其他专业（如有）

其他各专业按照设备专业体例及内容编写。

四、立查立改问题及整改情况

简要说明本单位自查评中问题隐患立查立改总体情况，存在主要问题，采取的主要措施。详细情况填写表 B.3《××单位消防安全性评价立查立改问题整改情况统计表》。

示例：××公司在本次自查评开展过程中，对 8 项问题完成了立查立改。主要包括 3 类整改方式：一是对部分故障的设施、器材进行了更换，更换 1 只故障的火灾探测器，更换 2 具压力不足的灭火器；二是对运行状态异常的设施、器材进行了调整，将 2 只火灾探测器保护罩取下，测试功能正常；三是对建设施工现场消防安全宣传栏内容进行了补充。详细情况见表 B.3《××单位消防安全性评价立查立改问题整改情况统计表》。

表 B.3　　　　　　××单位消防安全性评价立查立改问题整改情况统计表

序号	场所或单位	专业	问题描述	重大或较大隐患	整改完成情况	责任部门	整改责任人

注　是否为重大或较大隐患,应按照国家电网公司下发的重大、较大安全隐患排查清单及
　　各省公司级单位下发的重大、较大、一般安全隐患排查清单进行判定。

五、主要问题及整改计划

简要说明本单位尚未完成整改的问题隐患总体情况,未完成整改的主要原因,拟采取的主要措施及风险管控措施。详细情况填写附表 B.4。

示例:××公司在本次自查评开展过程中,尚有 36 项问题未完成整改。未完成整改主要原因是需要修订制度规程及立项落实资金,整改周期较长。针对未完成整改的问题,安监部组织相关专业,对问题隐患逐项分析,确定责任部门、责任人,制定整改计划。下一步主要从制度规程完善、人员责任落实和设施器材改造等方面落实整改。对较大及以上隐患实行"月推动、季督办"的工作机制,严格落实整改计划。对整改周期较长的隐患,全面落实风险防控措施。详细情况见表 B.4《××单位消防安全性评价发现的主要问题及整改计划表》。

表 B.4　　　　　××单位消防安全性评价发现的主要问题及整改计划表

序号	场所或单位	专业	存在的问题（可归并）	对应的评价项目	重大或较大隐患	整改计划方案	整改专业部门	整改责任人	计划完成时间
自查评单位（章）：							自查评单位负责人或者消防安全管理人：		

注　是否为重大或较大隐患，应按照国网公司下发的重大、较大安全隐患排查清单及各省公司级单位下发的重大、较大、一般安全隐患排查清单进行判定。

六、自查评工作成效及下一步工作安排

（一）自查评工作成效

说明本单位通过本次消防安全性评价自查评取得的工作成效，包括但不限于体系构建、人员履责、管理制度完善、设施器材配置等方面。

若本单位在自查评过程中还有其他工作亮点，也可进行说明。

（二）下一步工作安排

结合本单位自查评存在问题，拟定下一步工作安排，着重说明如何推进问题隐患整改落实及长效机制建立，避免发生重复性或类似的问题隐患，做到消防工作依法合规，实现火灾事故零发生目标。

附录 C　名词术语解释

名词术语解释见表 C.1。

表 C.1　　　　　　　　　名词术语解释

名词/术语	释　义
一、火灾性质及分类	
火灾	在时间或空间上失去控制的燃烧
火灾事故等级	一般火灾事故：是指造成 3 人以下死亡，或者 10 人以下重伤，或者 1000 万元以下直接财产损失的火灾。 较大火灾事故：是指造成 3 人以上 10 人以下死亡，或者 10 人以上 50 人以下重伤，或者 1000 万元以上 5000 万元以下直接财产损失的火灾。 重大火灾事故：是指造成 10 人以上 30 人以下死亡，或者 50 人以上 100 人以下重伤，或者 5000 万元以上 1 亿元以下直接财产损失的火灾。 特别重大火灾事故：是指造成 30 人以上死亡，或者 100 人以上重伤，或者 1 亿元以上直接财产损失的火灾。 （"以上"包括本数，"以下"不包括本数）
火灾类别	A 类火灾：指固体物质火灾。这种物质通常具有有机物质性质，一般在燃烧时能产生灼热的余烬。如木材、干草、煤炭、棉、毛、麻、纸张等火灾。 B 类火灾：指液体或可熔化的固体物质火灾。如煤油、柴油、原油、甲醇、乙醇、沥青、石蜡、塑料等火灾。 C 类火灾：指气体火灾。如煤气、天然气、甲烷、乙烷、丙烷、氢气等火灾。 D 类火灾：指金属火灾。如钾、钠、镁、钛、锆、锂、铝镁合金等火灾。 E 类火灾：指带电火灾。物体带电燃烧的火灾。 F 类火灾：指烹饪器具内的烹饪物（如动植物油脂）火灾
储存物品火灾危险性	甲类：① 闪点小于 28℃的液体；② 爆炸下限小于 10%的气体，受到水或空气中水蒸气的作用能产生爆炸下限小于 10%气体的固体物质；③ 常温下能自行分解或在空气中氧化能导致迅速自燃或爆炸的物质；④ 常温下受到水或空气中水蒸气的作用，能产生可燃气体并引起燃烧或爆炸的物质；⑤ 遇酸、受热、撞击、摩擦以及遇有机物或硫黄等易燃的无机物，极易引起燃烧或爆炸的强氧化剂；⑥ 受撞击、摩擦或与氧化剂、有机物接触时能引起燃烧或爆炸的物质。例如：汽油、甲醇、乙醇、乙炔、乙醚、丙酮、过氧化氢、过氧化钠、黄磷以及金属钾、钠等。 乙类：① 闪点不小于 28℃但小于 60℃的液体；② 爆炸下限不小于 10%的气体；③ 不属于甲类的氧化剂；④ 不属于甲类的易燃固体；⑤ 助燃气体；⑥ 常温下与空气接触能缓慢氧化，积热不散引起自燃的物品。例如：煤油、松香、硫磺、氧气、硝酸以及粉尘状态镁、铝、锌等。

续表

名词/术语	释　义
储存物品火灾危险性	丙类：① 闪点不小于 60℃的液体；② 可燃固体。例如：柴油、润滑油、机油、沥青、木料、棉花、橡胶等。 丁类：难燃烧物品。例如：自熄性塑料及其制品、酚醛泡沫塑料等。 戊类：不燃烧物品。例如：钢材、玻璃、陶瓷制品、水泥、不燃气体等
建筑材料及制品燃烧性能分级	A 级：不燃材料（制品）。 B1 级：难燃材料（制品）。 B2 级：可燃材料（制品）。 B3 级：易燃材料（制品）
耐火极限	在标准耐火试验条件下，建筑构件、配件或结构从受到火的作用时起，至失去承载能力、完整性或隔热性时止所用时间，用小时表示
耐火承载力极限状态	结构或构件受火灾作用达到不能承受外部作用或不适于继续承载的变形的状态
民用建筑耐火等级	一级耐火等级建筑：主要建筑构件全部为不燃烧性。 二级耐火等级建筑：主要建筑构件除吊顶为难燃烧性，其他为不燃烧性。 三级耐火等级建筑：屋顶承重构件为难燃性。 四级耐火等级建筑：防火墙为不燃烧性，其余为难燃性和可燃性。 耐火极限可查阅国家标准中对应构建筑物耐火极限规定
灭火级别	表示灭火器能够扑灭不同种类火灾的效能。由表示灭火效能的数字和灭火种类的字母组成
二、场所部位分类	
高层建筑	建筑高度大于 27m 的住宅建筑和建筑高度大于 24m 的非单层厂房、仓库和其他民用建筑
超高层建筑	建筑高度大于 100m 的民用建筑
消防安全重点单位	一般是：① 火灾危险性大的单位；② 发生火灾后人员集中且伤亡大的单位；③ 火灾发生后经济损失大的单位；④ 发生火灾后政治影响大的单位，如电信楼、广播楼、邮政楼、展览楼、电力调度楼；⑤ 发生火灾后，易造成大面积火灾，需要消防用水量大的单位
消防安全重点部位	是指火灾危险性大、发生火灾损失大、伤亡大、影响大的部位和场所，一般指油罐区（包括燃油库、绝缘油库、透平油库），制氢站、供氢站、发电机、变压器等注油设备，电缆间以及电缆通道、调度室、控制室、集控室、计算机房、通信机房、风力发电机组机舱及塔筒。换流站阀厅、电子设备间、铅酸蓄电池室、天然气调压站、储氨站、液化气站、乙炔站、档案室、油处理室、秸秆仓库或堆场、易燃易爆物品存放场所。发生火灾可能严重危及人身、电力设备和电网安全以及对消防安全有重大影响的部位
重要公共建筑	发生火灾可能造成重大人员伤亡、财产损失和严重社会影响的公共建筑

续表

名词/术语	释　　义
公共娱乐场所	具有文化娱乐、健身休闲功能并向公众开放的室内场所，包括影剧院、录像厅、礼堂等演出、放映场所，舞厅、卡拉 OK 厅等歌舞娱乐场所，具有娱乐功能的夜总会、音乐茶座、酒吧和餐饮场所，游艺、游乐场所和保龄球馆、旱冰场、桑拿等娱乐、健身、休闲场所和互联网上网服务营业场所
公众聚集场所	面对公众开放，具有商业经营性质的室内场所，包括宾馆、饭店、商场、集贸市场、客运车站候车室、客运码头候船厅、民用机场航站楼、体育场馆、会堂以及公共娱乐场所等
人员密集场所	人员聚集的室内场所，包括公众聚集场所，医院的门诊楼、病房楼，学校的教学楼、图书馆、食堂和集体宿舍，养老院，福利院，托儿所，幼儿园，公共图书馆的阅览室，公共展览馆、博物馆的展示厅，劳动密集型企业的生产加工车间和员工集体宿舍，旅游、宗教活动场所等
易燃易爆危险品场所	生产、储存、经营易燃易爆危险品的厂房和装置、库房、储罐（区）、商店、专用车站和码头，可燃气体储存（储配）站、充装站、调压站、供应站、加油加气站等
商业服务网点	设置在住宅建筑的首层或首层及二层，每个分隔单元建筑面积不大于 $300m^2$ 的商店、邮政所、储蓄所、理发店等小型营业性用房
半地下室	房间地面低于室外设计地面的平均高度大于该房间平均净高 1/3，且不大于 1/2 者
地下室	房间地面低于室外设计地面的平均高度大于该房间平均净高 1/2 者
电力调度通信中心	电力生产调度和管理所需要的设备提供运行环境及相关人员办公的场所，可以是一幢建筑物或建筑物的一部分，包括工艺机房、调度大厅、支持区、辅助区和管理区等功能区以及视频会议室等
工艺机房	对环境有特殊要求，安装自动化、通信、保护等相关专业的电子信息处理、交换、传输和存储等设备的场所
调度大厅	电力调度指挥和控制操作等的场所，含水调大厅、配网调度室等各类调度大厅
支持区	支持并保障完成信息处理过程和必要技术作业的场所，包括变配电室、柴油发电机房、不间断电源（UPS）室、通信电源室、蓄电池室、空调机房、消防设施用房、消防和安防控制室等
辅助区	工艺机房和调度大厅的设备和软件安装、调试、维护、运行监控和管理的场所，包括进线间、测试室、开发室、备件库、打印室、资料室、维修室、监控室、网管操作室、培训仿真（DTS）室、保护试验室、电网稳定联合计算室、整定计算室等

续表

名词/术语	释　义
管理区	为保障工艺机房、调度大厅、辅助区、支持区运行所必需的场所，包括各类办公用房、备班用房等
专业用房	保障和支撑电力调度通信中心运行的工艺机房、调度大厅、辅助区、支持区等场所
主控制楼	火力发电厂中在非单元制控制方式下对主要电气系统进行集中控制的建筑，变电站中对主要电气系统、设备进行集中控制的建筑。一般包括主控制室、电子设备间、电缆夹层、蓄电池室、交接班室
阀厅	设置换流阀的建筑物，通常一个阀厅布置一个极的换流阀和相关设备
一般材料库	存放精密仪器、钢材、一般器材的库房，包括一般器材库、精密器材库、钢材库及辅助用房等
特种材料库	存放润滑油和氢、氧、乙炔等气瓶的库房
明火地点	室内外有外露火焰或赤热表面的固定地点（民用建筑内的灶具、电磁炉等除外）
散发火花地点	有飞火的烟囱或进行室外砂轮、电焊、气焊、气割等作业的固定地点
临时用房	在施工现场建造的，为建设工程施工服务的各种非永久性建筑物，包括办公用房、宿舍、厨房操作间、食堂、锅炉房、发电机房、变配电房、库房等
临时设施	在施工现场建造的，为建设工程施工服务的各种非永久性设施，包括围墙、大门、临时道路、材料堆场及其加工场、固定动火作业场、作业棚、机具棚、贮水池及临时给排水、供电、供热管线等

三、火灾隐患及消防基本知识

名词/术语	释　义
火灾风险	发生火灾的概率及其后果的组合
火灾风险管理	获得预期的火灾风险标准所需的过程、程序和支撑文化背景（火灾风险管理由火灾风险评估、火灾风险处置、火灾风险接受和火灾风险沟通组成）
火灾风险评估	用规定的可接受火灾风险对所估计火灾风险进行评价的过程
火灾隐患	可能导致火灾发生或火灾危害增大的各类潜在不安全因素
重大火灾隐患	违反中华人民共和国消防法律法规、不符合消防技术标准，可能导致火灾发生或火灾危害增大，并由此可能造成重大、特别重大火灾事故或严重社会影响的各类潜在不安全因素
动火作业	能直接或间接产生明火的作业，包括熔化焊接、切割、喷枪、喷灯、钻孔、打磨、锤击、破碎、切削等

续表

名词/术语	释 义
灭火和应急疏散预案	机关、团体、企业、事业单位根据本单位的人员、组织机构和消防设施等基本情况，发生火灾时能够迅速、有序地开展初期灭火和应急疏散，并为消防救援人员提供相关信息支持和支援所制定的行动方案
疏散预案	为保证建筑物内人员在火灾情况下能安全疏散而事先制定的计划
消防安全的"四懂四会"	懂得本岗位火灾的危险性，会报警（119、110）。 懂得火灾的预防措施，会使用灭火器。 懂得火灾的扑救方法，会灭初期火。 懂得火灾的逃生方法，会引导疏散逃生
消防安全"四个能力"	检查消除火灾隐患能力。 组织扑救初起火灾的能力。 组织人员疏散逃生的能力。 消防宣传教育培训的能力
消防工作归口职能部门	单位负责拟订消防工作计划和消防安全制度、组织防火检查和巡查、管理消防控制室和专职或兼职消防队等工作的内设机构
四、防火分区及应急疏散	
防火间距	防止着火建筑在一定时间内引燃相邻建筑，便于消防扑救的间隔距离
防火分隔	用具有一定耐火性能的建筑构件将建筑物内部空间加以分隔，在一定时间内限制火灾于起火区的措施
防火分区	在建筑内部采用防火墙、耐火楼板及其他防火分隔设施分隔而成，能在一定时间内防止火灾向同一建筑的其余部分蔓延的局部空间
防烟分区	在建筑内部采用挡烟设施分隔而成，能在一定时间内防止火灾烟气向同一建筑的其余部分蔓延的局部空间
防烟楼梯间	在楼梯间入口处设置防烟的前室、开敞式阳台或凹廊等设施（统称前室），能防止火灾的烟气和热气进入的楼梯间
封闭楼梯间	采用双向弹簧门、防火门等措施分隔，能防止火灾的烟气和热气进入的楼梯间
安全出口	供人员安全疏散用的楼梯间、室外楼梯的出入口或直通室内外安全区域的出口
疏散距离	从房间内任一点到最近安全出口的距离
疏散通道	建筑物内具有足够防火和防烟能力，主要满足人员安全疏散要求的通道
疏散楼梯	具有足够防火能力并作为竖向疏散通道的室内或室外楼梯
避难层（避难间）	建筑内用于人员在火灾时暂时躲避火灾及其烟气危害的楼层或房间

续表

名词/术语	释 义
避难走道	采取防烟措施且两侧设置耐火极限不低于 3h 的防火隔墙，用于人员安全通行至室外的走道
消防车通道	满足消防车通行和作业等要求，在紧急情况下供消防队专用，使消防员和消防车等装备能到达或进入建筑物的通道
保护距离	灭火器配置场所内，灭火器设置点到最不利点的直线行走距离
防护区	满足全淹没灭火系统要求的有限封闭空间
建筑内部装修	为满足功能需求，对建筑内部空间所进行的修饰、保护及固定设施安装等活动

五、消防设施设备

名词/术语	释 义
消防设施	专门用于火灾预防、火灾报警、灭火以及发生火灾时用于人员疏散的火灾自动报警系统、自动灭火系统、消火栓系统、防烟排烟系统以及应急广播和应急照明、防火分隔设施、安全疏散设施等固定消防系统和设备
消防产品	专门用于火灾预防、灭火救援和火灾防护、避难、逃生的产品
临时消防设施	设置在建设工程施工现场，用于扑救施工现场火灾、引导施工人员安全疏散等的各类消防设施，包括灭火器、临时消防给水系统、消防应急照明、疏散指示标识、临时疏散通道等
火灾自动报警系统	能实现火灾早期探测、发出火灾报警信号，并向各类消防设备发出控制信号完成各项消防功能的系统，一般由火灾触发器件、火灾警报装置、火灾报警控制器、消防联动控制系统等组成
消防联动控制系统	通常由消防联动控制器、模块、气体灭火控制器、消防电气控制装置、消防设备应急电源、消防应急广播设备、消防电话、传输设备、消防控制中心图形显示装置、消防电动装置、消火栓按钮等设备组成，在火灾自动报警系统中，接收火灾报警控制器发出的火灾报警信号，完成各项消防功能的控制系统
消防控制柜	能接收到气体继电器、火灾探测装置等信号，控制消防柜内相应部件动作，显示灭火装置的各种状态并能报警的电气柜
报警区域	将火灾自动报警系统的警戒范围按防火分区或楼层等划分的单元
保护面积	一只火灾探测器能有效探测的面积
联动控制信号	由消防联动控制器发出的用于控制消防设备（设施）工作的信号
正常监视状态	控制器接通电源后，无火灾报警、故障报警、屏蔽、监管报警、自检等发生时所处的状态

续表

名词/术语	释　义
电气火灾监控系统	当被保护电气线路中的被探测参数超过报警设定值时，能发出报警信号、控制信号并能指示报警部位的系统，由电气火灾监控设备和电气火灾监控探测器组成
防烟系统	通过采用自然通风方式，防止火灾烟气在楼梯间、前室、避难层（间）等空间内积聚，或通过采用机械加压送风方式阻止火灾烟气侵入楼梯间、前室、避难层（间）等空间的系统，防烟系统分为自然通风系统和机械加压送风系统
排烟系统	采用自然排烟或机械排烟的方式，将房间、走道等空间的火灾烟气排至建筑物外的系统，分为自然排烟系统和机械排烟系统
排烟防火阀	安装在机械排烟系统的管道上，平时呈开启状态，火灾时当排烟管道内烟气温度达到280℃时关闭，并在一定时间内能满足漏烟量和耐火完整性要求，起隔烟阻火作用的阀门。一般由阀体、叶片、执行机构和温感器等部件组成
消防供水设施	供灭火救援用的人工水源和天然水源
消防水源	向水灭火设施、车载或手抬等移动消防水泵、固定消防水泵等提供消防用水的水源，包括市政给水、消防水池、高位消防水池和天然水源等
充实水柱	从水枪喷嘴起至射流90%的水柱水量穿过直径380mm圆孔处的一段射流长度
静水压力	消防给水系统管网内水在静止时管道某一点的压力，简称静压
动水压力	消防给水系统管网内水在流动时管道某一点的总压力与速度压力之差，简称动压
消火栓箱	固定安装在建筑物内的消防给水管路上，由箱门、箱体、室内消火栓、消防接口、消防水带、消防水枪、消防软管卷盘及电气设备等消防器材组成，具有给水、灭火、控制及报警等功能的箱式消防装置
自动喷水灭火系统	由洒水喷头、报警阀组、水流报警装置（水流指示器或压力开关）等组件，以及管道、供水设施组成，并能在发生火灾时喷水的自动灭火系统
准工作状态	自动喷水灭火系统性能及使用条件符合有关技术要求，处于发生火灾时能立即动作、喷水灭火的状态
水喷雾灭火系统	由水源、供水设备、管道、雨淋报警阀（或电动控制阀、气动控制阀）、过滤器和水雾喷头等组成，向保护对象喷射水雾进行灭火或防护冷却的系统
排油注氮灭火装置	具有自动探测变压器火灾，可自动（或手动）启动，控制排油阀开启排油泄压，同时断流阀能有效阻止储油柜至油箱的油路，并控制氮气释放阀开启向变压器内注入氮气的灭火装置。装置通常由消防控制柜、消防柜、断流阀、火灾探测装置和排油注氮管路等组成

续表

名词/术语	释　义
预制灭火系统	按一定的应用条件，将灭火剂储存装置和喷放组件等预先设计、组装成套且具有联动控制功能的灭火系统
组合分配系统	用一套气体灭火剂储存装置通过管网的选择分配，保护两个或两个以上防护区的灭火系统
泄压口	灭火剂喷放时，防止防护区内压超过允许压强，泄放压力的开口
应急照明系统	用于应急照明的灯具及相关装置
疏散指示标志	设置在安全出口和疏散路线上，用于指示安全出口和通向安全出口路线的标志
消防电梯	设置在建筑的耐火封闭结构内，具有前室、备用电源以及其他防火保护、控制和信号等功能，在正常情况下可为普通乘客使用，在建筑发生火灾时能专供消防员使用的电梯
防火卷帘	在一定时间内，连同框架能满足耐火完整性、隔热性等要求的卷帘
防火门	在一定时间内，连同框架能满足耐火完整性、隔热性等要求的门
空调通风系统	以空气调节和通风为目的，对工作介质进行集中处理、输送、分配，并控制其参数的所有设备、管道及附件、仪器仪表的总和
防雷装置	用于对建筑物进行雷电防护的整套装置，由外部防雷装置和内部防雷装置组成